U0268401

21 世纪高职高专规划教材·计算机系列

AutoCAD 2016 建筑制图
实例教程

王　芳　编著

清华大学出版社
北京交通大学出版社
·北京·

内 容 简 介

本书主要讲述 AutoCAD 2016 绘制建筑图形的基本思路和具体方法。全书由浅入深、循序渐进，通过一系列实例讲解利用 AutoCAD 绘制建筑图形必需的基本知识，通过一套完整的建筑平面图、立面图、剖面图和节点详图的绘制实例讲解 AutoCAD 2016 建筑制图的方法。

全书共 11 章，第 1 章为 AutoCAD 2016 基本操作，第 2 章至第 6 章分别利用实例介绍了二维基本绘图命令、二维图形编辑、精确绘图、文字和表格及工程标注等知识，第 7 章讲述了建筑样板文件的制作方法，第 8 章至第 11 章利用实例详细讲述了建筑平面图、建筑立面图、建筑剖面图和建筑详图的绘制方法与打印操作等知识。

本书努力体现快速而高效的学习方法，力争突出专业性、实用性和可操作性，非常适合于 AutoCAD 的初、中级读者阅读，是建筑行业人员和建筑专业学生学习 AutoCAD 制图不可多得的一本好书。

图书在版编目（CIP）数据

AutoCAD 2016 建筑制图实例教程 / 王芳编著. —北京：北京交通大学出版社：清华大学出版社，2017.5

　　ISBN 978-7-5121-3180-4

　　Ⅰ．①A…　Ⅱ．①王…　Ⅲ．①建筑制图-计算机辅助设计-AutoCAD 软件-教材
Ⅳ．①TU204

中国版本图书馆 CIP 数据核字（2017）第 057534 号

AutoCAD 2016 建筑制图实例教程
AutoCAD 2016 JIANZHU ZHITU SHILI JIAOCHENG

责任编辑：韩　乐

出版发行：清华大学出版社　　邮编：100084　　电话：010-62776969　　http://www.tup.com.cn
　　　　　北京交通大学出版社　邮编：100044　　电话：010-51686414　　http://www.bjtnp.com

印　刷　者：北京时代华都印刷有限公司

经　　销：全国新华书店

开　　本：185mm×260mm　　印张：15.5　　字数：387 千字

版　　次：2017 年 5 月第 1 版　　2017 年 5 月第 1 次印刷

书　　号：ISBN 978-7-5121-3180-4/TU·158

印　　数：1～3 000 册　　定价：32.00 元

本书如有质量问题，请向北京交通大学出版社质监组反映。对您的意见和批评，我们表示欢迎和感谢。

投诉电话：010-51686043，51686008；传真：010-62225406；E-mail：press@bjtu.edu.cn。

前　言

AutoCAD 是美国 Autodesk 公司开发的通用计算机辅助设计软件，是建筑工程设计领域最流行的计算机辅助设计软件，具有功能强大、操作简单、易于掌握、体系结构开放等优点，使用它可极大地提高绘图效率、缩短设计周期、提高图纸的质量。熟练使用 AutoCAD 绘图已成为建筑设计人员必备的职业技能。

AutoCAD 2016 中文版是 AutoCAD 的最新版本，它贯彻了 Autodesk 公司用户至上的思想，与以前的版本相比，在性能和功能两方面都有较大的增强和改进。

利用 AutoCAD 绘制建筑图，不仅需要掌握 AutoCAD 绘图知识，还必须掌握建筑制图的要求，因此快速而高效的学习方法就是在用中学。本书在编写过程中，力争体现这种思想，突出专业性、实用性和可操作性，通过各种建筑图实例的详细讲解，不但使读者掌握了 AutoCAD 的基本命令，同时也掌握了利用 AutoCAD 绘制建筑图的基本过程和方法。读者在阅读本书时，只要按照书中的实例一步一步做下去，就可以在很短的时间内，快速掌握利用 AutoCAD 绘制建筑图的技能。

本书各章的主要内容如下。

第 1 章：AutoCAD 2016 概述，主要包括 AutoCAD 2016 的启动与退出方法、界面简介、AutoCAD 文件的新建、打开和保存的方法、数据的输入方法、绘图界限和单位的设置、图层的设置、视窗的显示控制和选择对象的方法。

第 2 章：通过实例讲解各种二维基本绘图命令的使用方法和技巧。如通过窗间墙节点实例讲解直线命令，通过花坛平面图实例讲解圆命令等。

第 3 章：通过实例讲解二维图形编辑命令的使用方法和技巧。如通过轴网图实例讲解偏移命令，通过旋转楼梯实例讲解阵列命令等。

第 4 章：通过实例讲解正交、极轴、对象捕捉和对象追踪等命令的使用方法和技巧，以实现精确绘图。

第 5 章：通过实例讲解文字和表格的使用方法和技巧。如文字样式的创建、单行文字和多行文字实例、创建表格实例等。

第 6 章：讲解标注样式实例及常用标注命令实例。

第 7 章：通过创建样板文件实例，讲解样板文件包含的内容及其创建方法，本章还用到了块的知识，包括创建带属性的块、块的插入和编辑等知识。

第 8 章：以某住宅楼的建筑平面图为例，详细讲解建筑平面图的绘制方法。

第 9 章：以某住宅楼的建筑立面图为例，讲解绘制立面图所涉及的知识及方法。

第 10 章：以某住宅楼的建筑剖面图为例，讲解剖面图的绘制方法和技巧。

第 11 章：以檐口节点详图为例，详细讲解节点详图的绘制方法和技巧。

本书章节安排合理，知识讲解循序渐进，在内容组织上注重实用性，突出可操作性，知识讲解深入浅出，具有较宽的专业适应面。本书每个实例后都有实例小结，每章后均附有思考题与习题，这既便于教学，也有利于自学，既适合于有关院校建筑类专业的师生，也可作为从事建筑行业设计人员自学 AutoCAD 的参考书。

本书由王芳主编，并负责全书的统稿工作，杨帆、李井永、朱莉宏为副主编，李学泉主审。各章编写分工为：王芳编写第 1～5 章，朱莉宏编写第 6 章，王晓楠编写第 7 章，杨帆编写第 8 章，杨勇编写第 9 章，李井永编写第 10～11 章。

在本书编写的过程中，得到了丛书主编、所在院校和出版社领导的鼓励和支持，全体编者再次表示深切的谢意。本书编写中参阅了大量的文献，在参考文献中一并列出。

由于编者水平有限，时间仓促，书中缺点和错误在所难免，敬请同行和读者及时指正，以便再版时修订。

编　者

2017 年 3 月

目　录

第 1 章　AutoCAD 2016 基本操作

AutoCAD 是美国 Autodesk 公司开发的计算机辅助绘图软件，自 1982 年 AutoCAD V1.0 问世以来，先后经过多次升级，已发展为 AutoCAD 2016 版本。AutoCAD 2016 集平面作图、三维造型、数据库管理、渲染着色、互联网等功能于一体，具有高效、快捷、精确、简单、易用等特点，是工程设计人员首选的绘图软件之一。主要应用于建筑制图、机械制图、园林设计、城市规划、电子、冶金和服装设计等诸多领域。

本章将概略地介绍 AutoCAD 2016 启动与退出的方法，界面的各个组成部分及其功能，图形文件的管理，数据的输入方法，图形的界限、单位、图层的设置，视图的显示控制及选择对象的方法等。

1.1　AutoCAD 2016 的启动与退出

1.1.1　AutoCAD 2016 的启动

启动 AutoCAD 2016 有很多种方法，这里只介绍常用的 3 种方法。

（1）通过桌面快捷方式启动。

最简单的方法是直接用鼠标双击桌面上的 AutoCAD 2016 快捷方式图标，即可启动 AutoCAD 2016，进入 AutoCAD 2016 工作界面。

（2）通过【开始】菜单启动。

从任务栏中，选择【开始】菜单，然后单击【所有程序】|【Autodesk】|【AutoCAD 2016 – 简体中文（Simplified Chinese）】中的 AutoCAD 2016 的可执行文件，也可以启动 AutoCAD 2016。

（3）通过文件目录启动。

双击桌面上的【计算机】快捷方式，打开【计算机】对话框，通过 AutoCAD 2016 的安装路径，找到 AutoCAD 2016 的可执行文件，也可以打开 AutoCAD 2016。

1.1.2　AutoCAD 2016 的退出

退出 AutoCAD 2016 操作系统有很多种方法，下面介绍常用的几种。

（1）单击 AutoCAD 2016 界面右上角的 ⊠ 按钮。

（2）单击 AutoCAD 2016 界面左上角的 🅰 按钮，选择【退出 Autodesk AutoCAD 2016】按钮。

（3）按键盘上的 Alt+F4 组合键。

（4）在命令行中输入 QUIT 或 EXIT 命令后敲击回车键。

图 1-1　系统警告对话框

注意：如果图形修改后尚未保存，则退出之前会出现图 1-1 所示的系统警告对话框。单击【是】按钮系统将保存文件后退出；单击【否】按钮系统将不保存文件；单击【取消】按钮，系统将取消执行的命令，返回到原 AutoCAD 2016 工作界面。

1.2　AutoCAD 2016 的界面简介

在启动 AutoCAD 2016 操作系统并新建图形后，就进入如图 1-2 所示的工作界面，此界面包括快速访问工具栏、下拉菜单栏、选项卡及面板栏、绘图区、命令行和状态栏等部分。

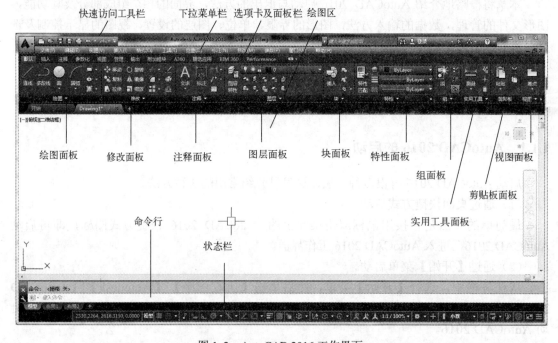

图 1-2　AutoCAD 2016 工作界面

1.　快速访问工具栏

快速访问工具栏位于 AutoCAD 2016 工作界面的最顶端，用于显示常用工具，包括"新建""打开""保存""另存为""打印""放弃""重做"等按钮。可以向快速访问工具栏添加无限多的工具，超出工具栏最大长度范围的工具会以弹出按钮显示。

2.　下拉菜单栏

下拉菜单栏包括文件、编辑、视图、插入、格式、工具、绘图、标注、修改、参数、窗口和帮助 12 个主菜单项，每个主菜单下又包括子菜单。在展开的子菜单中存在一些带有"…"符号的菜单命令，表示如果选择该命令，将弹出一个相应的对话框；有的菜单命令右端有一个黑色小三角，表示选择菜单命令能够打开级联菜单；菜单项右边有"Ctrl+?"组合键表示键盘快捷键，可以直接按下键盘快捷键执行相应的命令，比如同时按下 Ctrl+N 键能够弹出【选择样板】对话框。

3．选项卡及面板栏

AutoCAD 2016 的界面中有默认、插入、注释、参数化、视图、管理、输出、附加模块、A360、精选应用、BIM360 和 Performance 选项卡，每一个选项卡包含一些常用的面板，用户可以通过面板方便地选择相应的命令进行操作。

4．绘图区

位于屏幕中间的整个白色区域是 AutoCAD 2016 的绘图区，也称为工作区域。默认设置下的工作区域是一个无限大的区域，我们可以按照图形的实际尺寸在绘图区内绘制各种图形。

绘图区可以改变成其他的颜色，方法如下。

（1）单击下拉菜单栏中的【工具】|【选项】命令，弹出【选项】对话框，选择【显示】选项卡，如图 1-3 所示。

图 1-3　【选项】对话框

（2）单击【显示】选项卡中【窗口元素】组合框中的【颜色】按钮，弹出【图形窗口颜色】对话框，如图 1-4 所示。

（3）在【界面元素】下拉列表中选择要改变的界面元素，可改变任意界面元素的颜色，默认为【统一背景】。

（4）单击【颜色】下拉列表框，在展开的列表中选择【黑色】。

（5）单击【应用并关闭】按钮，返回【选项】对话框。

（6）单击【确定】按钮，将绘图窗口的颜色改为黑色。

5．命令行窗口

命令行窗口是输入命令名和显示命令提示的区域，默认的命令行窗口布置在绘图区下方。AutoCAD 通过命令行窗口反馈各种信息，如输入命令后的提示信息，包括错误信息、命令选项及其提示信息等。因此，应时刻关注在命令行窗口中出现的信息。

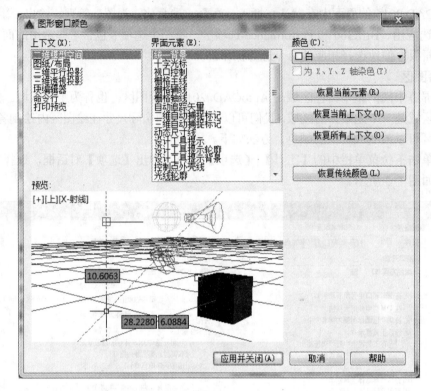

图 1-4 【图形窗口颜色】对话框

6. 状态栏

状态栏位于工作界面的最底部，左端显示当前十字光标所在位置的三维坐标值，右端依次显示【显示图形栅格】【捕捉模式】【推断约束】【动态输入】【正交限制光标】【极轴追踪】【等轴测草图】【对象捕捉追踪】【对象捕捉】【显示/隐藏线宽】【透明度】【选择循环】【三维对象捕捉】【允许/禁止动态 UCS】【过滤对象选择】【显示小控件】等辅助绘图工具按钮。当按钮处于亮显状态时，表示该按钮处于打开状态，再次单击该按钮，可关闭相应按钮。

1.3　图形文件的管理

1.3.1　新建文件

创建新的图形文件有以下几种方法。

（1）单击下拉菜单栏中的【文件】|【新建】命令。

（2）单击快速访问工具栏中的新建命令按钮。

（3）在命令行中输入 NEW。

执行该命令后，将弹出如图 1-5 所示的【选择样板】对话框。选择默认的样板文件"acadiso.dwt"，单击【打开】按钮，将新建一个空白的文件。

图 1-5　【选择样板】对话框

1.3.2　打开文件

打开已有图形文件有以下几种方法。

（1）单击下拉菜单栏中的【文件】|【打开】命令。

（2）单击快速访问工具栏中的打开命令按钮 📂。

（3）在命令行中输入 OPEN。

执行该命令后，将弹出如图 1-6 所示的【选择文件】对话框。如果在文件列表中同时选择多个文件，单击【打开】按钮，可以同时打开多个图形文件。

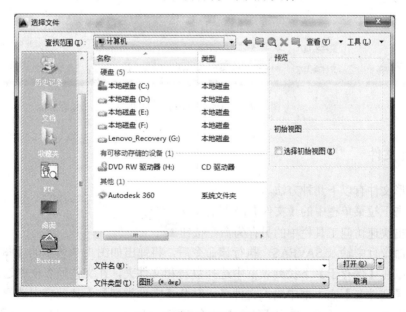

图 1-6　【选择文件】对话框

1.3.3　存储文件

保存图形文件的方法如下。

（1）单击下拉菜单栏中的【文件】|【保存】命令。

（2）单击快速访问工具栏中的保存命令按钮 。

（3）在命令行中输入 SAVE。执行该命令后，如果文件已命名，则 AutoCAD 自动保存；如果文件未命名，是第一次进行保存，系统将弹出如图 1-7 所示的【图形另存为】对话框。可以在【保存于】下拉列表框中选择盘符和文件夹，在文件列表框中选择文件的保存目录，在【文件名】文本框中输入文件名，并从【文件类型】下拉列表中选择保存文件的类型和版本格式，设置好后，单击【保存】命令按钮即可。

图 1-7　【图形另存为】对话框

1.3.4　另存文件

另存图形文件有以下几种方法。

（1）单击下拉菜单栏中的【文件】|【另存为】命令。

（2）单击快速访问工具栏中的另存为命令按钮 。

（3）在命令行中输入 SAVEAS。执行该命令后，将弹出如图 1-7 所示的【图形另存为】对话框。可以在【保存于】下拉列表框中选择盘符和文件夹，在文件列表框中选择文件的保存目录，在【文件名】文本框中输入文件名，并从【文件类型】下拉列表中选择保存文件的类型和版本格式，设置好后，单击【保存】命令按钮即可。该命令可以将图形文件重新命名。

1.4　数据的输入方法

1．点的输入

AutoCAD 提供了很多点的输入方法，下面介绍常用的几种。

（1）移动鼠标使十字光标在绘图区之内移动，到合适位置时单击鼠标左键在屏幕上直接取点。

（2）用目标捕捉方式捕捉屏幕上已有图形的特殊点，如端点、中点、圆心、交点、切点、垂足等。

（3）用光标拖拉出橡筋线确定方向，然后用键盘输入距离。

（4）用键盘直接输入点的坐标。

点的坐标通常有两种表示方法：直角坐标和极坐标。

● 直角坐标有两种输入方式：绝对直角坐标和相对直角坐标。绝对直角坐标以原点为参考点，表达方式为（X，Y）。相对直角坐标是相对于某一特定点而言的，表达方式为（@X，Y），表示该坐标值是相对于前一点而言的相对坐标。

● 极坐标也有两种输入方式：绝对极坐标和相对极坐标。绝对极坐标是以原点为极点，输入一个距离值和一个角度值即可指明绝对极坐标。它的表达方式为（L<角度），其中 L 代表输入点到原点的距离。相对极坐标是以通过相对于某一特定点的极长距离和偏移角度来表示的，表达方式为（@L<角度），其中@表示相对于，L 表示极长。

2．距离的输入

在绘图过程中，有时需要提供长度、宽度、高度和半径等距离值。AutoCAD 提供了两种输入距离值的方式：一种是在命令行中直接输入距离值；另一种方法是在屏幕上拾取两点，以两点的距离确定所需的距离值。

1.5　绘图界限和单位设置

1．设置绘图界限

在 AutoCAD 2016 中绘图，一般按照 1:1 的比例绘制。绘图界限可以控制绘图的范围，相当于手工绘图时图纸的大小。设置图形界限还可以控制栅格点的显示范围，栅格点在设置的图形界限范围内显示。

下面以 A3 图纸为例，假设出图比例为 1:100，绘图比例为 1:1，设置绘图界限的操作如下：

单击下拉菜单栏中的【格式】|【图形界限】命令，或者在命令行输入 LIMITS 命令，命令行提示如下：

```
命令:'_limits
重新设置模型空间界限:
指定左下角点或 [开(ON)/关(OFF)] <0.0000,0.0000>:
                                    //回车，设置左下角点为系统默认的原点位置
指定右上角点 <420.0000,297.0000>:42000,29700   //输入"42000,29700"并回车
命令: z                              //输入缩放命令快捷键 Z 并回车
```

ZOOM
指定窗口的角点，输入比例因子 (nX 或 nXP)，或者
[全部(A)/中心(C)/动态(D)/范围(E)/上一个(P)/比例(S)/窗口(W)/对象(O)] <实时>: a
正在重生成模型。　　　　　　　　　　　　　　　//输入 A 并回车选择 "全部" 选项

注意：提示中的 "[开(ON)/关(OFF)]" 选项的功能是控制是否打开图形界限检查。选择 "ON" 时，系统打开图形界限的检查功能，只能在设定的图形界限内画图，系统拒绝输入图形界限外部的点。系统默认设置为 "OFF"，此时关闭图形界限的检查功能，允许输入图形界限外部的点。

2. 设置绘图单位

在绘图时应先设置图形的单位，即图上一个单位所代表的实际距离，设置方法如下。

单击下拉菜单栏中的【格式】|【单位】命令，或者在命令行输入 UNITS 或 UN，弹出【图形单位】对话框，如图 1-8 所示。

1）设置长度单位及精度

在【长度】选项区域中，可以从【类型】下拉列表框提供的 5 个选项中选择一种长度单位，还可以根据绘图的需要从【精度】下拉列表框中选择一种合适的精度。

2）设置角度的类型、方向及精度

在【角度】选项区域中，可以在【类型】下拉列表框中选择一种合适的角度单位，并根据绘图的需要在【精度】下拉列表框中选择一种合适的精度。【顺时针】复选框用来确定角度的正方向，当该复选框没有选中时，系统默认角度的正方向为逆时针；当该复选框选中时，表示以顺时针方向作为角度的正方向。

单击【方向】按钮，将弹出【方向控制】对话框，如图 1-9 所示。该对话框用来设置角度的 0 度方向，默认以正东的方向为 0 度角。

图1-8 【图形单位】对话框

图1-9 【方向控制】对话框

1.6　图层设置

图层是 AutoCAD 用来组织图形的重要工具之一，用来分类组织不同的图形信息。AutoCAD 的图层可以被想象为一张透明的图纸，每一图层绘制一类图形，所有的图纸层叠在一起，就组成了一个 AutoCAD 的完整图形。

1. 图层的特点

（1）每个图层对应一个图层名。其中系统默认设置的图层是"0"层，该图层不能被删除。其余图层可以单击新建图层按钮![]建立，数量不限。

（2）各图层具有相同的坐标系，每一图层对应一种颜色、一种线型。

（3）当前图层只有一层，且只能在当前图层绘制图形。

（4）图层具有打开、关闭、冻结、解冻、锁定和解锁等特征。

2.【图层特性管理器】对话框

（1）打开【图层特性管理器】对话框的方法如下。

① 单击【图层】面板中的图层特性按钮![]，弹出【图层特性管理器】对话框，如图 1-10 所示。

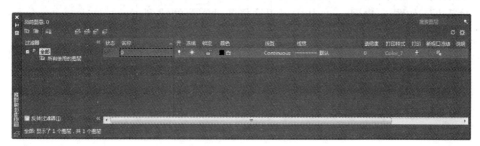

图 1-10　【图层特性管理器】对话框

② 单击下拉菜单栏中的【格式】|【图层】命令，可打开【图层特性管理器】对话框。

③ 在命令行中直接输入图层命令 LAYER 或 LA，也可打开【图层特性管理器】对话框。

（2）打开|关闭按钮 ♀：系统默认该按钮处于打开状态，此时该图层上的图形可见。单击一下 ♀ 按钮，将变成关闭状态 ♀，此时该图层上的图形不可见，且不能被打印或由绘图仪输出。但重生成图形时，图层上的实体仍将重新生成。

（3）冻结|解冻按钮 ☼|：该按钮也用于控制图层是否可见。当图层被冻结时，该层上的实体不可见且不能被输出，也不能进行重生成、消隐和渲染等操作，可明显提高许多操作的处理速度；而解冻的图层是可见的，可进行上述操作。

（4）锁定|解锁按钮 ![]：控制该图层上的实体是否可被修改。锁定图层上的实体不能进行删除、复制等修改操作，但仍可见，可以在该图层上绘制新的图形。

（5）设置图层颜色：单击颜色图标按钮，如图 1-11 所示，可弹出【选择颜色】对话框，如图 1-12 所示。可以从中选择一种颜色作为图层的颜色。

图 1-11　修改图层颜色

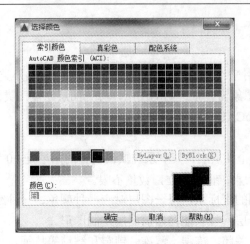

图 1-12 【选择颜色】对话框

注意：一般创建图形时，采用该图层对应的颜色，称为随层"ByLayer"颜色方式。

（6）设置图层线型：单击线型图标按钮"Continuous"，弹出【选择线型】对话框，如图 1-13 所示。如需加载其他类型的线型，只需单击【加载】按钮，即可弹出【加载或重载线型】对话框，如图 1-14 所示，从中可以选择各种需要的线型。

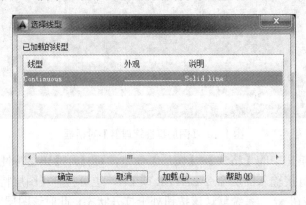

图 1-13 【选择线型】对话框

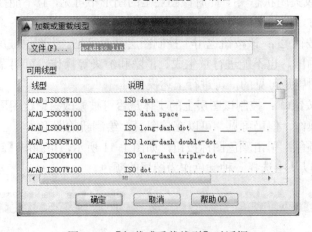

图 1-14 【加载或重载线型】对话框

注意：一般创建图形时，采用该图层对应的线型，称为随层"ByLayer"线型方式。

（7）设置图层线宽：单击线宽图标按钮，弹出【线宽】对话框，从中可以选择该图层合适的线宽，如图 1-15 所示。

注意：单击下拉菜单栏中的【格式】|【线宽】命令，可弹出【线宽设置】对话框，如图 1-16 所示。默认线宽为 0.25 mm，可以进行修改。

图 1-15　【线宽】对话框

图 1-16　【线宽设置】对话框

1.7　视图显示控制

在绘图时，为了能够更好地观看局部或全部图形，需要经常使用视图的缩放和平移等操作工具。

1. 视图的缩放

有两种输入命令的方式。

（1）在命令行中输入 ZOOM 或 Z 并回车，命令行提示如下：

命令: ZOOM
指定窗口的角点，输入比例因子 (nX 或 nXP)，或者
[全部(A)/中心(C)/动态(D)/范围(E)/上一个(P)/比例(S)/窗口(W)/对象(O)] <实时>:

各选项的功能如下。

- 全部（A）：选择该选项后，显示窗口将在屏幕中间缩放显示整个图形界限的范围。如果当前图形的范围尺寸大于图形界限，将最大范围地显示全部图形。
- 中心（C）：此项选择将按照输入的显示中心坐标，来确定显示窗口在整个图形范围中的位置，而显示区范围的大小，则由指定窗口高度来确定。
- 动态（D）：该选项为动态缩放，通过构造一个视图框支持平移视图和缩放视图。
- 范围（E）：选择该选项可以将所有已编辑的图形尽可能大地显示在窗口内。

- 上一个（P）：选择该选项将返回前一视图。当编辑图形时，经常需要对某一小区域进行放大，以便精确设计，完成后返回原来的视图，不一定是全图。
- 比例（S）：该选项按比例缩放视图。比如：在"输入比例因子 (nX 或 nXP):"提示下，如果输入 0.5x，表示将屏幕上的图形缩小为当前尺寸的一半；如果输入 2x，表示使图形放大为当前尺寸的二倍。
- 窗口（W）：该选项用于尽可能大地显示由两个角点所定义的矩形窗口区域内的图像。此选项为系统默认的选项，可以在输入 ZOOM 命令后，不选择"W"选项，而直接用鼠标在绘图区内指定窗口以局部放大。
- 对象（O）：该选项可以尽可能大地在窗口内显示选择的对象。
- 实时：选择该选项后，在屏幕内上下拖动鼠标，可以连续地放大或缩小图形。此选项为系统默认的选项，直接按回车键即可选择该选项。

图 1-17 缩放下拉菜单栏

（2）选择下拉菜单栏中的【视图】|【缩放】子菜单，打开其级联菜单，如图 1-17 所示，各按钮功能同上。

2．视图的平移

有两种输入命令的方式。

（1）在命令行中键入 PAN 或 P 并回车，此时，光标变成手形光标，按住鼠标左键在绘图区内上下左右移动鼠标，即可实现图形的平移。

（2）单击下拉菜单栏中的【视图】|【平移】|【实时】命令，也可输入平移命令。

注意：各种视图的缩放和平移命令在执行过程中均可以按 ESC 键提前结束命令。

1.8 选择对象

1．执行编辑命令

执行编辑命令有两种方法。

（1）先输入编辑命令，在"选择对象"提示下，再选择合适的对象。

（2）先选择对象，所有选择的对象以夹点状态显示，再输入编辑命令。

2．构造选择集的操作

在选择对象过程中，选中的对象呈虚线亮显状态，选择对象的方法如下。

（1）使用拾取框选择对象。例如：要选择圆形，在圆形的边线上单击鼠标左键即可。

（2）指定矩形选择区域。在"选择对象"提示下，单击鼠标左键拾取两点作为矩形的两个对角点，如果第二个角点位于第一个角点的右边，窗口以实线显示，叫作"W 窗口"，此时，完全包含在窗口之内的对象被选中；如果第二个角点位于第一个角点的左边，窗口以虚线显示，叫作"C 窗口"，此时完全包含于窗口之内的对象以及与窗口边界相交的所有对象均被选中。

（3）F（Fence）：栏选方式，即可以画多条直线，直线之间可以与自身相交，凡与直线相交的对象均被选中。

（4）P（Previous）：前次选择集方式，可以选择上一次选择集。

（5）R（Remove）：删除方式，用于把选择集由加入方式转换为删除方式，可以删除误选到选择集中的对象。

（6）A（Add）：添加方式，把选择集由删除方式转换为加入方式。

（7）U（Undo）：放弃前一次选择操作。

1.9　对象捕捉工具

在绘制图形时，可以使用直角坐标和极坐标精确定位点，但是对于所需要找到的如端点、交点、中心点等的坐标是未知的，要想精确地找到这些点是很难的。AutoCAD 2016 提供的精确定位工具，可以很容易在屏幕上捕捉到这些点，从而精确、快速地绘图。

对象捕捉是一种特殊点的输入方法，该操作不能单独进行，只有在执行某个命令需要指定点时才能调用。在 AutoCAD 2016 中，系统提供的对象捕捉类型见表 1-1。

表 1-1　AutoCAD 的对象捕捉类型

捕 捉 类 型	表 示 方 式	命 令 方 式
端点捕捉	□	END
中点捕捉	△	MID
圆心捕捉	○	CEN
几何中心	○	GCEN
节点捕捉	⊗	NOD
象限点捕捉	◇	QUA
交点捕捉	×	INT
延长线捕捉	⋯	EXT
插入点捕捉	⅁	INS
垂足捕捉	⊦	PER
切点捕捉	◌	TAN
最近点捕捉	⊠	NEA
外观交点捕捉	⊠	APPINT
平行捕捉	∥	PAR

启用对象捕捉方式的常用方法如下。

（1）在命令行中直接输入所需对象捕捉命令的英文缩写。

（2）在状态栏上右键单击对象捕捉按钮，打开快捷菜单进行选择，如图 1-18 所示。

（3）在绘图区中按住 Shift 键再单击鼠标右键，从弹出的快捷菜单中选择相应的捕捉方式，如图 1-19 所示。

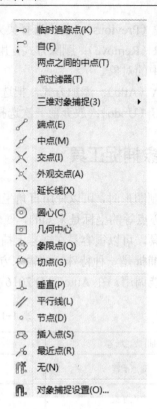

图 1-18　状态栏对象捕捉按钮快捷菜单　　　　　　图 1-19　对象捕捉快捷菜单

　　以上自动捕捉设置方式可同时设置一种以上捕捉模式，当不止一种模式启用时，AutoCAD会根据其对象类型来选用模式。如在捕捉框中不止一个对象，且它们相交，则"交点"模式优先。圆心、交点、端点模式是绘图中最有用的组合，该组合可找到用户所需的大多数捕捉点。

　　本章小结：本章简单介绍了 AutoCAD 2016 的启动和退出的方法，详细讲解了 AutoCAD 2016 界面的各个组成部分及其功能，新建、打开、存储文件和另存文件的方法，阐述了数据的几种输入方式。本章还介绍了绘图的界限、单位、图层的设置方法，视图的显示控制、选择对象的方法，对象捕捉的使用方法，这部分内容可以使初学者很好地认识 AutoCAD 的基本功能，快速掌握其操作方法，对于快速绘图也起到一定的铺垫作用。

1.10　思考与练习

1．思考题

（1）如何启动和退出 AutoCAD 2016？

（2）AutoCAD 2016 的界面由哪几部分组成？

（3）如何保存 AutoCAD 文件？

（4）绘图界限有什么作用？如何设置绘图界限？

（5）常用的构造选择集操作有哪些？

2．连线题

将左侧的命令与右侧的功能连接起来。

SAVE	打开
OPEN	新建
NEW	保存
LAYER	缩放
LIMITS	图层
UNITS	绘图界限
PAN	平移
ZOOM	绘图单位

3．选择题

（1）以下 AutoCAD 2016 的退出方式中，不正确的是（　　）。

  A．单击 AutoCAD 2016 界面右上角的 ✕ 按钮

  B．单击下拉菜单栏中的【文件】|【退出】命令

  C．按键盘上的 Alt+F4 组合键

  D．在命令行中键入 QUIT 或 EXIT 命令后敲击回车键

（2）设置图形单位的命令是（　　）。

  A．SAVE   B．LIMITS   C．UNITS   D．LAYER

（3）在 ZOOM 命令中，E 选项的含义是（　　）。

  A．拖动鼠标连续地放大或缩小图形

  B．尽可能大地在窗口内显示已编辑图形

  C．通过两点指定一个矩形窗口放大图形

  D．返回前一次视图

（4）处于（　　）中的图形对象不能被删除。

  A．锁定的图层   B．冻结的图层

  C．0 图层   D．当前图层

（5）坐标值@200,100 属于（　　）表示方法。

  A．绝对直角坐标   B．相对直角坐标

  C．绝对极坐标   D．相对极坐标

第2章 二维基本绘图命令

任何复杂的图形都是由直线、圆、圆弧等基本的二维图形组合而成的，这些基本的二维图形形状简单，容易创建，掌握它们的绘制方法是学习 AutoCAD 的基础。本章将通过实例详细讲解二维基本绘图命令的使用方法。

2.1 绘制窗间墙节点

以窗间墙节点为例，讲解直线命令、镜像命令的使用方法，绘制结果如图 2-1 所示。

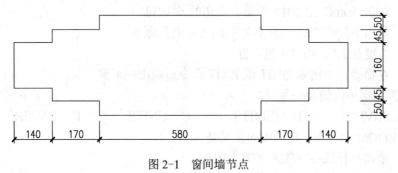

图 2-1　窗间墙节点

1. 打开文件

双击 Windows 桌面上的 AutoCAD 2016 中文版图标，打开 AutoCAD 2016。

2. 设置绘图界限

单击下拉菜单栏中的【格式】|【图形界限】命令，命令行提示如下：

> 命令: '_limits
> 重新设置模型空间界限:
> 指定左下角点或 [开(ON)/关(OFF)] <0.0000,0.0000>:　　　//回车，指定左下角点为原点
> 指定右上角点 <420.0000,297.0000>: 1500,1500
> 　　　　　　　　　　　　　　　　　//输入右上角点的坐标"1500,1500"并回车
> 在命令行中输入 Z 并回车，命令行提示如下：
> 命令: z ZOOM
> 指定窗口的角点，输入比例因子 (nX 或 nXP)，或者
> [全部(A)/中心(C)/动态(D)/范围(E)/上一个(P)/比例(S)/窗口(W)/对象(O)] <实时>: a
> 正在重生成模型。　　　　　　　//输入 A 并回车，选择"全部（A）"选项，显示图形界限

3. 运用直线命令绘制基本图形

单击【绘图】面板中的直线命令按钮 ✎，命令行提示如下：

> 命令: _line 指定第一点:　　　　　　　//在绘图区之内任意一点单击

指定下一点或 [放弃(U)]: <极轴 开> 80

　　　　　　　//单击键盘上的 F10 键打开极轴，沿垂直向下的方向输入距离 80 并回车

指定下一点或 [放弃(U)]: 140　　　　　　//沿水平向右的极轴方向输入距离值 140 并回车

指定下一点或 [闭合(C)/放弃(U)]: 45　　　//沿垂直向下方向输入 45 并回车

指定下一点或 [闭合(C)/放弃(U)]: 170　　//沿水平向右方向输入 170 并回车

指定下一点或 [闭合(C)/放弃(U)]: 50　　　//沿垂直向下方向输入 50 并回车

指定下一点或 [闭合(C)/放弃(U)]: 290　　//沿水平向右方向输入 290 并回车

指定下一点或 [闭合(C)/放弃(U)]:　　　　//回车，结束命令

绘制完成的图如图 2-2 所示。

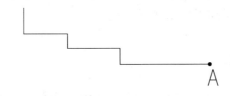

图 2-2　图形形态

4．镜像图形

（1）单击【修改】面板中的镜像命令按钮，命令行提示如下：

命令：_mirror

选择对象: 指定对角点: 找到 6 个　　　　//选择图 2-2 中所绘直线图形

选择对象:　　　　　　　　　　　　　　//回车，结束对象选择状态

指定镜像线的第一点:　　　　　　　　　//捕捉图 2-2 中的 A 点

指定镜像线的第二点:　　　　　　　　　//沿 A 点垂直向上极轴方向上的任意一点单击左键

是否删除源对象? [是(Y)/否(N)] <N>:　　//回车，选择默认选项，即不删除原对象

镜像结果如图 2-3 所示。

图 2-3　镜像结果

（2）再一次单击【修改】面板中的镜像命令按钮，命令行提示如下：

命令：_mirror

选择对象: 指定对角点: 找到 12 个　　　　　//选择图 2-3 中所绘直线

选择对象:　　　　　　　　　　　　　　　//回车，结束对象选择状态

指定镜像线的第一点:　　　　　　　　　　//选择图 2-3 中的 B 点作为镜像线的第一点

指定镜像线的第二点:　　　　　　　　　　//选择图 2-3 中的 C 点作为镜像线的第二点

是否删除源对象? [是(Y)/否(N)] <N>:　　　//回车，取默认值

镜像结果如图 2-4 所示。

注意：AutoCAD 2016 激活命令的方法有三种：通过下拉菜单激活命令，通过面板中的工具按钮激活命令，在命令行中直接输入命令名激活命令。

图 2-4　最终镜像结果

　　实例小结：本实例主要应用直线命令和镜像命令，利用直线命令绘制水平线和垂直线时，应打开极轴。直线命令中的"闭合(C)"选项可以封闭图形并结束命令，"放弃(U)"选项可以放弃前一步操作，直至放弃所指定直线的第一点。

2.2　绘制花坛平面图

　　以花坛平面图为例，讲解矩形命令、圆命令的使用方法，绘制结果如图 2-5 所示。

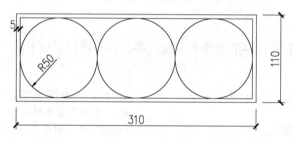

图 2-5　花坛平面图

　　1．打开文件
　　双击 Windows 桌面上的 AutoCAD 2016 中文版图标，打开 AutoCAD 2016。
　　2．绘制矩形
　　1）绘制大矩形
　　单击【绘图】面板中的矩形命令按钮 ▭，命令行提示如下：

> 命令：_rectang
> 指定第一个角点或 [倒角(C)/标高(E)/圆角(F)/厚度(T)/宽度(W)]：
> 　　　　　　　　　　　　　　　　　　　　　//在绘图区之内任意指定一点
> 指定另一个角点或 [面积(A)/尺寸(D)/旋转(R)]：d　//输入 d 并回车，选择尺寸选项
> 指定矩形的长度 <10.0000>:310　　　　//输入矩形的长度 310 并回车
> 指定矩形的宽度 <10.0000>:110　　　　//输入矩形的宽度 110 并回车
> 指定另一个角点或 [面积(A)/尺寸(D)/旋转(R)]：
> 　　　　　　　　　　　　　　　　　　//指定矩形所在一侧的点以确定矩形的方向

　　2）绘制小矩形
　　单击【修改】面板中的偏移命令按钮 ◱，命令行提示如下：

> 命令：_offset
> 当前设置：删除源=否　图层=源　OFFSETGAPTYPE=0

指定偏移距离或 [通过(T)/删除(E)/图层(L)] <通过>: 5　　　　//输入偏移距离 5 并回车
选择要偏移的对象，或 [退出(E)/放弃(U)] <退出>:　　　　//选择大矩形
指定要偏移的那一侧上的点，或 [退出(E)/多个(M)/放弃(U)] <退出>:
　　　　　　　　　　　　　　　　　　　　　　　　//在大矩形内任意一点单击左键
选择要偏移的对象，或 [退出(E)/放弃(U)] <退出>:　　　　//回车，结束命令

绘制结果如图 2-6 所示。

图 2-6　矩形绘制结果

3．绘制圆

（1）单击绘图面板中圆按钮⊘下侧的下三角号▼，选择 【相切、相切、相切】
选项，如图 2-7 所示，命令行提示如下：

命令: _circle
指定圆的圆心或 [三点(3P)/两点(2P)/切点、切点、半径(T)]: _3p 指定圆上的第一个点: _tan 到
//将十字光标移至小矩形的左边缘，出现黄色捕捉提示，单击左键确定
指定圆上的第二个点: _tan 到　　　　　//同理，选择小矩形的上边
指定圆上的第三个点: _tan 到　　　　　//选择小矩形的下边

绘图结果如图 2-8 所示。

图 2-7　圆下拉按钮

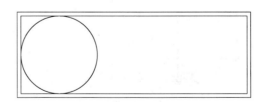

图 2-8　圆绘制结果

（2）同理，运用【相切、相切、相切】画圆方法绘制另两个圆，即可完成作图。
　　圆的绘制也可以运用画圆选项中的 【相切、相切、半径】方法完成，圆的半径
为 50。

注意：单击【绘图】面板中的 ⊘ 命令按钮，或者键盘输入圆命令 CIRCLE 或 C 后，命令行提示如下：

命令: _circle 指定圆的圆心或 [三点(3P)/两点(2P)/ 切点、切点、半径(T)]:

各参数及选项的含义与下拉按钮栏中相应命令相同，只是没有【相切、相切、相切】选项。

实例小结：本实例主要应用矩形命令和圆命令，圆命令有六种画圆方法，如图 2-7 所示，前五种方法可以通过输入快捷键 C 的方法实现，第六种方法只能通过单击下拉按钮或下拉菜单的方式输入命令。

2.3 绘制装饰柜立面图

以装饰柜立面图为例，讲解直线命令和圆弧命令的使用方法，绘制结果如图 2-9 所示。

1. 打开文件

双击 Windows 桌面上的 AutoCAD 2016 中文版图标，打开 AutoCAD 2016。

2. 设置绘图界限

单击下拉菜单栏中的【格式】|【图形界限】命令，根据命令行提示指定左下角点为原点，右上角点为 "2000,2000"。

在命令行中输入 ZOOM 命令，回车后输入 A 选择 "全部(A)" 选项，显示图形界限。

3. 绘制直线

单击【绘图】面板中的直线命令按钮 ✏，按照 ABCDEFGHI 的顺序画线，如图 2-10 所示。命令行提示如下：

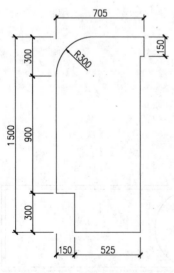

图 2-9　装饰柜立面图

图 2-10　直线绘制结果

命令: _line 指定第一点: //在绘图区之内任意位置单击
指定下一点或 [放弃(U)]: 405 //沿水平向右方向，输入 405 并回车，绘制 AB 直线段
指定下一点或 [放弃(U)]: 150 //沿垂直向下方向，输入 150 并回车，绘制 BC 直线段

指定下一点或 [闭合(C)/放弃(U)]: 30
　　　　　　　　　　　　　//沿水平向左方向，输入 30 并回车，绘制 CD 直线段
指定下一点或 [闭合(C)/放弃(U)]: 1350
　　　　　　　　　　　　　//沿垂直向下方向，输入 1350 并回车，绘制 DE 直线段
指定下一点或 [闭合(C)/放弃(U)]: 525
　　　　　　　　　　　　　//沿水平向左方向，输入 525 并回车，绘制 EF 直线段
指定下一点或 [闭合(C)/放弃(U)]: 300
　　　　　　　　　　　　　//沿垂直向上方向，输入 300 并回车，绘制 FG 直线段
指定下一点或 [闭合(C)/放弃(U)]: 150
　　　　　　　　　　　　　//沿水平向左方向，输入 150 并回车，绘制 GH 直线段
指定下一点或 [闭合(C)/放弃(U)]: 900
　　　　　　　　　　　　　//沿垂直向上方向，输入 900 并回车，绘制 HI 直线段
指定下一点或 [闭合(C)/放弃(U)]:　　　　　//回车，结束命令

注意：绘制直线时应打开极轴工具。

4．绘制圆弧

单击【绘图】面板中圆弧按钮 下侧的下三角号 ，选择 【起点、端点、半径】选项，如图 2-11 所示，命令行提示如下，结果如图 2-12 所示。

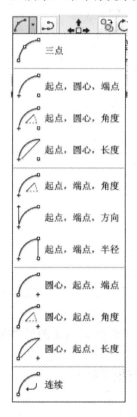

图 2-11　圆弧下拉按钮

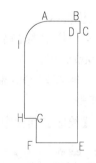

图 2-12　圆弧绘制结果

命令: _arc
指定圆弧的起点或 [圆心(C)]:　　　　　　　　　　　//捕捉 A 点作为圆弧的起点
指定圆弧的第二个点或 [圆心(C)/端点(E)]: _e

指定圆弧的端点:　　　　　　　　　　　　　　　　//捕捉 I 点作为圆弧的端点
指定圆弧的中心点(按住 Ctrl 键以切换方向)或 [角度(A)/方向(D)/半径(R)]: _r
指定圆弧的半径(按住 Ctrl 键以切换方向): 300　　　//输入圆弧的半径 300 并回车

　　注意: 圆弧的绘制也可以通过【修改】面板中的【圆角】命令 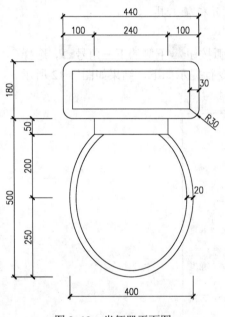 修改而成。

　　实例小结: 本实例主要应用了直线命令和圆弧命令,圆弧命令的 11 种绘制方法如图 2-11 所示。圆弧命令的另外两种输入方式为:单击下拉菜单栏中的【绘图】|【圆弧】命令,或者键盘输入 ARC 或 A。

2.4　绘制坐便器平面图

　　以坐便器平面图为例,讲解矩形、直线、椭圆和修剪等命令,绘制结果如图 2-13 所示。

图 2-13　坐便器平面图

　　1.设置绘图界限

　　单击下拉菜单栏中的【格式】|【图形界限】命令,根据命令行提示指定左下角点为原点,右上角点为"900,900"。

　　在命令行中输入 ZOOM 命令,回车后选择"全部(A)"选项,显示图形界限。

　　2.绘制矩形

　　(1)单击【绘图】面板中的矩形命令按钮 ▭,命令行提示如下:

命令: _rectang
指定第一个角点或 [倒角(C)/标高(E)/圆角(F)/厚度(T)/宽度(W)]: f
　　　　　　　　　　　　　　　　//输入 F 并回车,选择"圆角"选项
指定矩形的圆角半径 <0.0000>: 30　　　//输入圆角半径 30 并回车
指定第一个角点或 [倒角(C)/标高(E)/圆角(F)/厚度(T)/宽度(W)]:

//在绘图区之内任意单击一点作为矩形的第一角点
指定另一个角点或 [面积(A)/尺寸(D)/旋转(R)]: d　　//输入 D 并回车选择"尺寸"选项
指定矩形的长度 <10.0000>: 440　　　　　　　//输入矩形的长度 440 并回车
指定矩形的宽度 <10.0000>: 180　　　　　　　//输入矩形的宽度 180 并回车
指定另一个角点或 [面积(A)/尺寸(D)/旋转(R)]:　　//合适方向单击左键确定矩形的方向

（2）单击【修改】面板中的偏移命令按钮 ，命令行提示如下：

命令: _offset
当前设置: 删除源=否　图层=源　OFFSETGAPTYPE=0
指定偏移距离或 [通过(T)/删除(E)/图层(L)] <1.0000>: 30
　　　　　　　　　　　　　　　　　　　//输入偏移距离 30 并回车
选择要偏移的对象，或 [退出(E)/放弃(U)] <退出>:　　//选择矩形
指定要偏移的那一侧上的点，或 [退出(E)/多个(M)/放弃(U)] <退出>:
　　　　　　　　　　　　　　//在矩形内部任意一点单击左键确定偏移方向
选择要偏移的对象，或 [退出(E)/放弃(U)] <退出>:　　//回车，结束命令

绘制的结果如图 2-14 所示。

3．绘制直线

单击【绘图】面板中的直线命令按钮 ，命令行提示如下：

命令: _line 指定第一点: 120
　　　　　　　//由大矩形中点向左追踪 120 确定直线第一点 A，如图 2-15 所示
指定下一点或 [放弃(U)]: 50　　//沿 A 点垂直向下方向输入距离 50，确定 B 点
指定下一点或 [放弃(U)]: 240　　//沿 B 点水平向右方向输入距离 240，确定 C 点
指定下一点或 [闭合(C)/放弃(U)]:
　　　　　　　//沿 C 点垂直向上，捕捉交点 D 点，如图 2-16 所示
指定下一点或 [闭合(C)/放弃(U)]:　　//回车，结束命令

绘制结果如图 2-17 所示。

图 2-14　矩形绘制结果

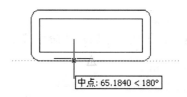

图 2-15　确定 A 点

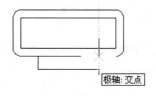

图 2-16　确定 D 点

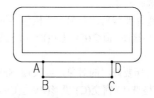

图 2-17　直线绘制结果

4．绘制椭圆

（1）单击【绘图】面板椭圆命令按钮 右侧的下三角号，选择 【轴，端点】

选项，绘制椭圆，结果如图 2-18 所示。命令行提示如下：

```
命令：_ellipse
指定椭圆的轴端点或 [圆弧(A)/中心点(C)]：        //捕捉 E 点
指定轴的另一个端点：500        //沿 E 点垂直向下极轴方向输入距离值 500 并回车
指定另一条半轴长度或 [旋转(R)]：200        //输入 200 并回车
```

（2）单击【修改】面板中的偏移命令按钮 ，命令行提示如下：

```
命令：_offset
当前设置：删除源=否    图层=源    OFFSETGAPTYPE=0
指定偏移距离或 [通过(T)/删除(E)/图层(L)] <1.0000>：20    //输入偏移距离 20 并回车
选择要偏移的对象，或 [退出(E)/放弃(U)] <退出>：        //选择椭圆
指定要偏移的那一侧上的点，或 [退出(E)/多个(M)/放弃(U)] <退出>：
                                        //在椭圆内部单击
选择要偏移的对象，或 [退出(E)/放弃(U)] <退出>：        //回车，结束命令
```

结果如图 2-19 所示。

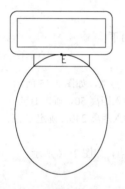

图 2-18　椭圆绘制结果

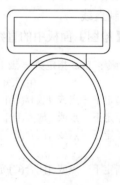

图 2-19　偏移结果

5．修剪椭圆

单击【修改】面板中的修剪命令按钮 ，命令行提示如下：

```
命令：_trim
当前设置：投影=UCS，边=无
选择剪切边…
选择对象或 <全部选择>：找到 1 个                //选择剪切边 BC，如图 2-20 所示
选择对象：                            //回车
选择要修剪的对象，或按住 Shift 键选择要延伸的对象，或
[栏选(F)/窗交(C)/投影(P)/边(E)/删除(R)/放弃(U)]：
                                    //选择大椭圆要修剪掉的上半部分
选择要修剪的对象，或按住 Shift 键选择要延伸的对象，或
[栏选(F)/窗交(C)/投影(P)/边(E)/删除(R)/放弃(U)]：
                                    //选择小椭圆要修剪掉的上半部分
选择要修剪的对象，或按住 Shift 键选择要延伸的对象，或
[栏选(F)/窗交(C)/投影(P)/边(E)/删除(R)/放弃(U)]：
                                    //回车，结束命令
```

修剪结果如图 2-20 所示。

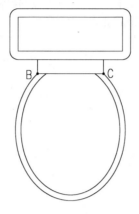

图 2-20 修剪结果

实例小结：本实例主要应用矩形命令、直线命令、椭圆命令和修剪命令等，矩形命令除了可以倒圆角之外，还可以通过"倒角(C)"选项倒直角。

2.5 绘制正多边形

2.5.1 利用"指定正多边形的中心点"方式绘制

利用"指定正多边形的中心点"方式绘制正多边形，绘制结果如图 2-21 所示。

1. 绘制圆

单击【绘图】面板中圆命令按钮 下侧的下三角号 ，选择 圆心、半径【圆心、半径】选项，命令行提示如下：

> 命令: _circle 指定圆的圆心或 [三点(3P)/两点(2P)/ 切点、切点、半径(T)]:
> //单击绘图区之内的任意一点来指定圆的圆心
> 指定圆的半径或 [直径(D)] <10.0000>: 50   //输入圆的半径 50 并回车

2. 绘制外接圆半径为 50 的正六边形

单击【绘图】面板中的矩形命令按钮 右侧的下三角号 ，选择正多边形命令按钮 多边形，命令行提示如下：

> 命令: _polygon 输入侧面数 <4>: 6   //输入 6 并回车
> 指定正多边形的中心点或 [边(E)]:   //捕捉圆的圆心
> 输入选项 [内接于圆(I)/外切于圆(C)] <I>:   //回车，取默认的"外接于圆(I)"选项
> 指定圆的半径: 50   //输入外接圆的半径 50 并回车

绘图结果如图 2-22 所示。

3. 绘制内切圆半径为 50 的正六边形

单击【绘图】面板中的矩形命令按钮 右侧的下三角号 ，选择正多边形命令按钮 多边形，命令行提示如下：

命令: _polygon 输入侧面数 <6>:　　　　　　　　//回车，取默认值
指定正多边形的中心点或 [边(E)]:　　　　　　　//捕捉圆的圆心
输入选项 [内接于圆(I)/外切于圆(C)] < I >:C

　　　　　　　　　　　　　　　　　　　　　　//输入 C 并回车，选择"内切于圆(C)"选项
指定圆的半径: 50　　　　　　　　　　　　　//输入内切圆的半径 50 并回车

绘制结果如图 2-21 所示。

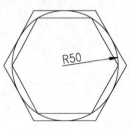

图 2-21　　正多边形

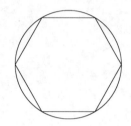

图 2-22　　正六边形绘制结果

2.5.2　利用"边(E)"方式绘制

利用"边(E)"方式绘制正多边形，绘制结果如图 2-23 所示。

1. 绘制正方形

单击【绘图】面板中的矩形命令按钮🔲，命令行提示如下：

命令: _rectang
指定第一个角点或 [倒角(C)/标高(E)/圆角(F)/厚度(T)/宽度(W)]:
　　　　　　　　　　//在绘图区之内任意单击一点作为矩形的第一个角点
指定另一个角点或 [面积(A)/尺寸(D)/旋转(R)]: d
　　　　　　　　　　　　　　　　　//输入 D 并回车，选择"尺寸"选项
指定矩形的长度 <10.0000>: 50　　　　　　　//输入矩形的长度 50 并回车
指定矩形的宽度 <10.0000>: 50　　　　　　　//输入矩形的宽度 50 并回车
指定另一个角点或 [面积(A)/尺寸(D)/旋转(R)]:　　//确定矩形的方向

2. 绘图正五边形

单击【绘图】面板中的矩形命令按钮🔲右侧的下三角号🔻，选择正多边形命令按钮⬠ 多边形，
命令行提示如下：

命令: _polygon 输入侧面数 <6>: 5　　　　　　//输入 5 并回车
指定正多边形的中心点或 [边(E)]: e　　　　　//输入 E 并回车，选取"边(E)"方式
指定边的第一个端点: 指定边的第二个端点:
　　　　　　　　　　//捕捉 A 点作为第一个端点，捕捉 B 点作为第二个端点

绘制结果如图 2-24 所示。

3. 阵列五边形

单击【修改】面板中的矩形阵列命令按钮▦右侧的下三角号，选择环形阵列命令按钮
▦ 环形阵列，如图 2-25 所示，命令行提示如下：

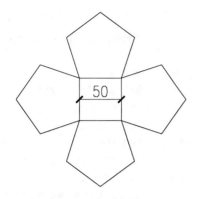

图 2-23   绘制结果

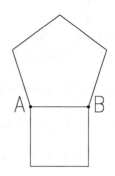

图 2-24   正五边形绘制结果

命令: _arraypolar

选择对象: 找到 1 个　　　　　　　　　//选择图 2-24 中的正五边形

选择对象:　　　　　　　　　　　　 //回车

类型 = 极轴   关联 = 是

指定阵列的中心点或 [基点(B)/旋转轴(A)]: <打开对象捕捉>

　　　　　　//打开对象捕捉中的"几何中心"捕捉方式,捕捉图 2-24 中的矩形的几何中心为阵列的

中心点

　　选择夹点以编辑阵列或 [关联(AS)/基点(B)/项目(I)/项目间角度(A)/填充角度(F)/行(ROW)/层(L)/旋

转项目(ROT)/退出(X)] <退出>: I　　 //输入 I 并回车,选择"项目"选项

　　输入阵列中的项目数或 [表达式(E)] <6>: 4　　 //输入 4 并回车,设置阵列项目数

　　选择夹点以编辑阵列或 [关联(AS)/基点(B)/项目(I)/项目间角度(A)/填充角度(F)/行(ROW)/层(L)/旋

转项目(ROT)/退出(X)] <退出>:　　　 //回车

阵列结果如图 2-23 所示。

实例小结: 本实例主要讲解绘制正多边形的两种方法,在
实际绘图时应根据已知条件进行选择。阵列命令分为矩形阵列、
路径阵列和环形阵列三种方式,本实例采用环形阵列。

2.6 绘制弯曲箭头

图 2-25   选择环形阵列命令按钮

多段线是由一条或多条直线段和圆弧段连接而成的一个单一对象。本实例运用多段线命
令绘制而成,绘图结果如图 2-26 所示。

图 2-26   多段线绘制结果

步骤如下。

单击【绘图】面板中的多段线命令按钮 ⌐⌐,命令行提示如下:

命令: _pline

指定起点: //在绘图区之内任意一点单击

当前线宽为 0.0000

指定下一个点或 [圆弧(A)/半宽(H)/长度(L)/放弃(U)/宽度(W)]: w

                                           //输入 W 并回车，设置线宽

指定起点宽度 <0.0000>: 5   //输入 5 并回车

指定端点宽度 <5.0000>:   //回车，取默认值 5

指定下一个点或 [圆弧(A)/半宽(H)/长度(L)/放弃(U)/宽度(W)]: 100

                                           //沿水平向右方向输入距离值 100 并回车

指定下一点或 [圆弧(A)/闭合(C)/半宽(H)/长度(L)/放弃(U)/宽度(W)]: a

                                           //输入 A 并回车，由绘制直线转为绘制圆弧

指定圆弧的端点(按住 Ctrl 键以切换方向)或

[角度(A)/圆心(CE)/闭合(CL)/方向(D)/半宽(H)/直线(L)/半径(R)/第二个点(S)/放弃(U)/

宽度(W)]: 50   //沿垂直向下方向输入距离值 50 并回车

指定圆弧的端点(按住 Ctrl 键以切换方向)或

[角度(A)/圆心(CE)/闭合(CL)/方向(D)/半宽(H)/直线(L)/半径(R)/第二个点(S)/放弃(U)|

宽度(W)]: l   //输入 L 并回车，由绘制圆弧转为绘制直线状态

指定下一点或 [圆弧(A)/闭合(C)/半宽(H)/长度(L)/放弃(U)/宽度(W)]: w

                                           //输入 W 并回车，设置箭头线宽

指定起点宽度 <5.0000>: 10   //输入起点宽度 10 并回车

指定端点宽度 <10.0000>: 0   //输入端点宽度 0 并回车

指定下一点或 [圆弧(A)/闭合(C)/半宽(H)/长度(L)/放弃(U)/宽度(W)]: 25

                                           //沿水平向左方向输入距离值 25 并回车

指定下一点或 [圆弧(A)/闭合(C)/半宽(H)/长度(L)/放弃(U)/宽度(W)]:

                                           //回车，结束命令

　　实例小结：通过弯曲箭头的绘制讲解多段线的使用方法，绘制多段线中的圆弧段时，命令行中的各种选项的含义与圆弧命令的相应选项含义相同。

2.7　绘制扬声器立面图

　　本实例主要应用多段线命令、圆弧命令、偏移命令等，绘图结果如图 2-27 所示。

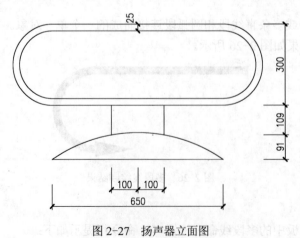

图 2-27　扬声器立面图

1．设置绘图界限

单击下拉菜单栏中的【格式】|【图形界限】命令，根据命令行提示指定左下角点为原点，右上角点为"1500,1500"。

在命令行中输入 ZOOM 命令，回车后选择"全部(A)"选项，显示图形界限。

2．绘制多段线

（1）单击【绘图】面板中的多段线命令按钮，命令行提示如下：

```
命令: _pline
指定起点:                                    //在绘图区之内任意一点单击
当前线宽为 0.0000
指定下一个点或 [圆弧(A)/半宽(H)/长度(L)/放弃(U)/宽度(W)]: 650
                                    //沿水平向右方向输入距离 650 并回车
指定下一点或 [圆弧(A)/闭合(C)/半宽(H)/长度(L)/放弃(U)/宽度(W)]: a
                           //输入 A 并回车，选择"圆弧(A)"选项开始绘制圆弧
指定圆弧的端点(按住 Ctrl 键以切换方向)或
[角度(A)/圆心(CE)/闭合(CL)/方向(D)/半宽(H)/直线(L)/半径(R)/第二个点(S)/放弃(U)/
宽度(W)]: 300                      //沿垂直向下方向输入距离 300 并回车
指定圆弧的端点(按住 Ctrl 键以切换方向)或
[角度(A)/圆心(CE)/闭合(CL)/方向(D)/半宽(H)/直线(L)/半径(R)/第二个点(S)/放弃(U)/
宽度(W)]: l                      //输入 L 并回车，选择"直线(L)"选项绘制直线
指定下一点或 [圆弧(A)/闭合(C)/半宽(H)/长度(L)/放弃(U)/宽度(W)]: 650
                                    //沿水平向左方向输入距离 650 并回车
指定下一点或 [圆弧(A)/闭合(C)/半宽(H)/长度(L)/放弃(U)/宽度(W)]: a
                        //输入 A 并回车，选择"圆弧(A)"选项，开始绘制圆弧
指定圆弧的端点(按住 Ctrl 键以切换方向)或
[角度(A)/圆心(CE)/闭合(CL)/方向(D)/半宽(H)/直线(L)/半径(R)/第二个点(S)/放弃(U)/
宽度(W)]: 300                          //沿垂直向上方向输入距离 300 并回车
指定圆弧的端点(按住 Ctrl 键以切换方向)或
[角度(A)/圆心(CE)/闭合(CL)/方向(D)/半宽(H)/直线(L)/半径(R)/第二个点(S)/放弃(U)/
宽度(W)]:                                    //回车，结束命令
```

（2）单击【修改】面板中的偏移命令按钮，命令行提示如下：

```
命令: _offset
当前设置: 删除源=否  图层=源  OFFSETGAPTYPE=0
指定偏移距离或 [通过(T)/删除(E)/图层(L)] <1.0000>:  25  //输入偏移距离 25 并回车
选择要偏移的对象，或 [退出(E)/放弃(U)] <退出>:            //选择多段线
指定要偏移的那一侧上的点，或 [退出(E)/多个(M)/放弃(U)] <退出>:
                                    //在多段线的内部任意一点单击
选择要偏移的对象，或 [退出(E)/放弃(U)] <退出>:            //回车，结束命令
```

绘图结果如图 2-28 所示。

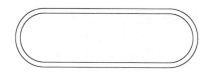

图 2-28 多段线绘制结果

3．绘制直线

（1）单击【绘图】面板中的直线命令按钮 ✎，命令行提示如下：

命令：_line 指定第一点：100	//沿多段线的中点 A 水平向左追踪距离为 100
指定下一点或 [放弃(U)]：109	//沿垂直向下方向输入距离 109 并回车
指定下一点或 [放弃(U)]：	//回车，结束命令
命令：	//回车，输入上一次直线命令
LINE 指定第一点：200	//沿多段线的中点 A 垂直向下追踪间距为 200
指定下一点或 [放弃(U)]：325	//沿水平向左方向输入距离 325 并回车
指定下一点或 [放弃(U)]：	//回车，结束命令

结果如图 2-29 所示。

（2）单击【修改】面板中的镜像命令按钮 ⚖，命令行提示如下：

命令：_mirror	
选择对象：指定对角点：找到 2 个	//选择两条直线对象
选择对象：	//回车
指定镜像线的第一点：	//捕捉多段线的中点 A
指定镜像线的第二点：	//捕捉多段线的中点 B
要删除源对象吗？[是(Y)/否(N)] <N>：	//回车，不删除原对象

结果如图 2-30 所示。

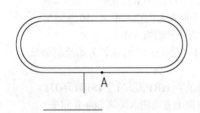

图 2-29 　直线绘制结果

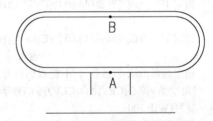

图 2-30 　镜像结果

4．绘制圆弧

单击【绘图】面板中圆弧按钮 ▱ 下侧的下三角号 ▾，选择 ╱ 三点 【三点】选项，命令行提示如下：

命令：_arc	
指定圆弧的起点或 [圆心(C)]：	//捕捉 C 点
指定圆弧的第二个点或 [圆心(C)/端点(E)]：	//捕捉 D 点
指定圆弧的端点：	//捕捉 E 点

结果如图 2-31 所示。

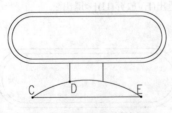

图 2-31 　圆弧绘制结果

实例小结：通过本实例，可以进一步学习多段线的绘制方法。绘制圆弧时，采用系统默认的"三点"方式。绘图过程中应打开极轴追踪、对象捕捉及对象追踪功能。

2.8　思考与练习

1．思考题

（1）命令输入方式有哪三种？

（2）画圆有几种方法？如何实现？

（3）矩形命令和正多边形命令有何区别？

（4）多段线命令可否由直线与圆弧命令替代？为什么？

2．连线题

将左侧的命令与右侧的功能连接起来。

LINE	多段线
RECTANG	正多边形
CIRCLE	椭圆
ARC	圆弧
ELLIPSE	圆
POLYGON	矩形
PLINE	直线

3．选择题

（1）下列画圆方式中，有一种不能通过输入快捷键的方式实现，这种方式是（　　）。

　　A．圆心、半径　　　　　　　　　　B．圆心、直径

　　C．3 点　　　　　　　　　　　　　D．2 点

　　E．相切、相切、半径　　　　　　　F．相切、相切、相切

（2）下列各命令为圆弧命令快捷键的是（　　）。

　　A．C　　　　　　B．A　　　　　　C．Pl　　　　　　D．Rec

（3）使用夹点编辑对象时，夹点的数量依赖于被选取的对象，矩形和圆各有（　　）个夹点。

　　A．八个、五个　　　　　　　　　　B．一个、一个

　　C．四个、一个　　　　　　　　　　D．二个、三个

（4）下列画圆弧的方式中无效的是（　　）。

　　A．起点、圆心、端点

　　B．圆心、起点、方向

　　C．圆心、起点、角度

　　D．起点、端点、半径

4．绘图题

绘制下列各家具图。

（1）床头柜平面图，如图 2-32 所示。

（2）八角凉亭顶，如图 2-33 所示。

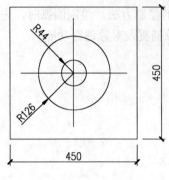

图 2-32　床头柜平面图

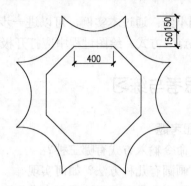

图 2-33　八角凉亭顶

（3）电视机侧立面图，如图 2-34 所示。

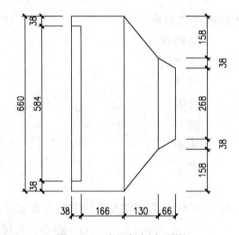

图 2-34　电视机侧立面图

（4）双人床平面图，如图 2-35 所示。

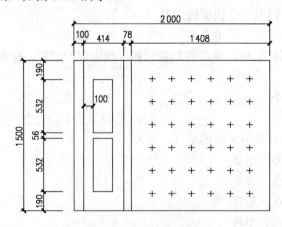

图 2-35　双人床平面图

第3章 二维图形编辑

运用二维基本绘图命令绘制出基本图形后，需要运用二维图形编辑命令对其进行移动、旋转、复制、修剪等操作，这样可以保证作图准确度、减少重复操作、提高绘图效率。本章将通过实例详细讲解几个编辑命令的运用技巧。

3.1 绘制篮球场平面布置图

以篮球场平面布置图为例，讲解镜像命令的使用方法，本例还用到矩形命令、直线命令、圆命令、圆弧命令等，绘制结果如图 3-1 所示。

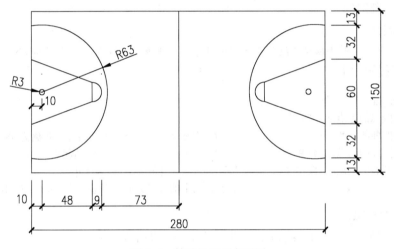

图 3-1 篮球场平面布置图

步骤如下。

1. 运用直线命令绘制边框

1）绘制直线 ABCD

单击【绘图】面板中的直线命令按钮 ，命令行提示如下：

```
命令: _line 指定第一点:              //在绘图区之内任意一点单击
指定下一点或 [放弃(U)]: 280           //沿水平向右方向输入距离 280 并回车
指定下一点或 [放弃(U)]: 150           //沿垂直向上方向输入距离 150 并回车
指定下一点或 [闭合(C)/放弃(U)]: 280   //沿水平向左方向输入距离 280 并回车
指定下一点或 [闭合(C)/放弃(U)]: c     //输入 C 并回车，封闭图形并结束命令
```

2）绘制直线 EF

再一次单击回车键，输入上一次的直线命令，命令行提示如下：

命令: LINE 指定第一点:　　　　　　　　//捕捉直线 AB 的中点 E 单击左键
指定下一点或 [放弃(U)]:　　　　　　　//捕捉直线 CD 的中点 F 单击左键
指定下一点或 [放弃(U)]:　　　　　　　　//回车，结束命令

绘制完成的图如图 3-2 所示。

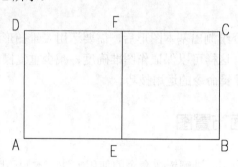

图 3-2　　直线命令绘制结果

2. 绘制内部图形

1）绘制圆弧

单击【绘图】面板中圆弧按钮下侧的下三角号，选择【圆心、起点、端点】
选项，命令行提示如下：

命令: _arc
指定圆弧的起点或 [圆心(C)]: c
指定圆弧的圆心: 58　　　　　　　　//由直线 AD 的中点水平向右追踪距离为 58
指定圆弧的起点: @0,–9　　　　　　//输入相对坐标，确定圆弧的起点 H 点
指定圆弧的端点或（按住 Ctrl 键以切换方向）或 [角度(A)/弦长(L)]:
　　　　　　　　　　　　　　//在垂直向上的极轴方向上任意一点单击，确定圆弧的端点 G

2）绘制直线 GH

单击【绘图】面板中的直线命令按钮，命令行提示如下：

命令: _line 指定第一点:　　　　　　　//捕捉圆弧的起点 H
指定下一点或 [放弃(U)]:　　　　　　　//捕捉圆弧的端点 G
指定下一点或 [放弃(U)]:　　　　　　　// 回车，结束命令

3）绘制直线 MG

直接回车，输入上一次的直线命令，命令行提示如下：

命令: LINE 指定第一点: 45
　　　　　　　　　　　　//沿 D 点垂直向下的追踪方向输入距离值 45，确定点 M
指定下一点或 [放弃(U)]:　　　　　　//捕捉点 G
指定下一点或 [放弃(U)]:　　　　　　//回车，结束命令

4）镜像生成直线 NH

单击【修改】面板中的镜像命令按钮，命令行提示如下：

命令: _mirror
选择对象: 找到 1 个　　　　　　　　　//选择直线 MG

选择对象: //回车，结束对象选择状态
指定镜像线的第一点: //捕捉直线 GH 的中点作为镜像线的第一点
指定镜像线的第二点: //捕捉直线 DA 的中点作为镜像线的第二点
是否删除源对象？[是(Y)/否(N)] <N>: //回车，不删除原对象

5）绘制小圆

单击【绘图】面板中圆命令按钮⊙下侧的下三角号，选择⊙ 圆心、半径 【圆心、半径】选项，命令行提示如下：

命令: _circle 指定圆的圆心或 [三点(3P)/两点(2P)/ 切点、切点、半径(T)]:10
//由直线 AD 的中点水平向右追踪距离为 10
指定圆的半径或 [直径(D)]:3 //输入圆的半径 3 并回车

6）绘制大圆弧

（1）单击【绘图】面板中圆命令按钮⊙下侧的下三角号，选择⊙ 圆心、半径 【圆心、半径】选项，命令行提示如下：

命令: _circle 指定圆的圆心或 [三点(3P)/两点(2P)/ 切点、切点、半径(T)]:
//捕捉小圆的圆心
指定圆的半径或 [直径(D)] <2.5000>: 63 //输入半径 63 并回车

（2）单击【修改】面板中的修剪命令按钮，命令行提示如下：

命令: _trim
当前设置:投影=UCS,边=无
选择剪切边...
选择对象: 找到 1 个 //选择直线 AD
选择对象: //回车，结束对象选择状态
选择要修剪的对象，或按住 Shift 键选择要延伸的对象，或
[栏选(F)/窗交(C)/投影(P)/边(E)/删除(R)/放弃(U)]: //选择大圆左半边
选择要修剪的对象，或按住 Shift 键选择要延伸的对象，或
[栏选(F)/窗交(C)/投影(P)/边(E)/删除(R)/放弃(U)]: //回车，结束命令

绘图结果如图 3-3 所示。

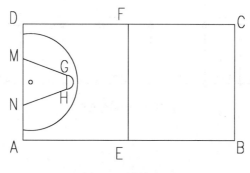

图 3-3　绘制结果

3. 镜像图形

单击【修改】面板中的镜像命令按钮，命令行提示如下：

命令: _mirror 选择对象: 指定对角点: 找到 6 个	//选择要镜像复制的对象
选择对象:	//回车
指定镜像线的第一点:	//捕捉点 E
指定镜像线的第二点:	//捕捉点 F
是否删除源对象? [是(Y)/否(N)] <N>:	//回车

绘制结果如图 3-1 所示。

注意:

（1）在"是否删除源对象? [是(Y)/否(N)] <N>"提示下，如果选择"是(Y)"选项，镜像之后将删除原对象。

（2）对文字的镜像结果取决于变量 MIRRTEXT 的值。当该变量的值为 0 时，文字镜像后仅对位置镜像，而方向不反向，具有可读性；当该变量的值为 1 时，文字镜像后不仅位置镜像，而且方向也反向，不具有可读性。

实例小结: 本实例主要应用直线命令、圆命令、圆弧命令等绘制左半部分，运用镜像命令复制右半部分。运用镜像命令时，镜像的原对象和目标对象应以镜像轴对称。

3.2　绘制轴网图

以轴网图为例，讲解复制命令、偏移命令和镜像命令的使用方法，本实例还用到直线命令、矩形命令、线型比例设置等知识，绘制结果如图 3-4 所示。

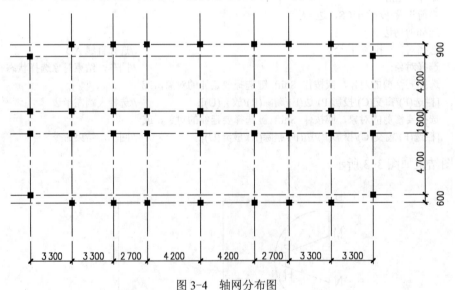

图 3-4　轴网分布图

步骤如下。

1. 设置绘图界限

单击下拉菜单栏中的【格式】|【图形界限】命令，根据命令行提示指定左下角点为原点，右上角点为"33000,33000"。

在命令行中输入 ZOOM 命令，回车后选择"全部(A)"选项，显示图形界限。

2．加载点画线"CENTER2"线型

（1）单击下拉菜单栏中的【格式】|【线型】命令，弹出【线型管理器】对话框如图 3-5 所示。

图 3-5 【线型管理器】对话框

（2）单击【加载】按钮，弹出【加载或重载线型】对话框，如图 3-6 所示。从【可用线型】列表框中选择"CENTER2"线型，单击【确定】按钮，返回【线型管理器】对话框，从该对话框的列表中选择"CENTER2"线型，并单击【当前】按钮，即可将当前线型设置为 CENTER2 线型。将【全局比例因子】的值改为 100。【线型管理器】对话框。

图 3-6 【加载或重载线型】对话框

注意： 单击【隐藏细节】按钮，该按钮将转变为【显示细节】按钮，同时【详细信息】选项区域被隐藏。单击【显示细节】按钮，该按钮将转变为【隐藏细节】按钮，同时显示【详细信息】选项区域。

3．绘制纵轴

1）运用直线命令绘制第一条纵轴

单击【绘图】面板中的直线命令按钮 ✐，命令行提示如下：

命令: _line 指定第一点:　　　　　　　　//在绘图区之内任意一点单击
指定下一点或 [放弃(U)]: 30000　　　　　//沿水平向右的极轴方向输入轴线长度 30000 并回车
指定下一点或 [放弃(U)]:　　　　　　　//回车，结束命令

2）运用偏移命令复制其他的纵轴

单击【修改】面板中的偏移命令按钮 ，命令行提示如下:

命令: _offset
当前设置: 删除源=否　　图层=源　　OFFSETGAPTYPE=0
指定偏移距离或 [通过(T)/删除(E)/图层(L)] <30.0000>: 600
　　　　　　　　　　　　　　　　　//输入两条轴线之间的间距 600 并回车
选择要偏移的对象，或 [退出(E)/放弃(U)] <退出>:　　//选择第一条纵轴
指定要偏移的那一侧上的点，或 [退出(E)/多个(M)/放弃(U)] <退出>:
　　　　　　　　　　　　　　　　　//在所选纵轴的上侧单击以确定上侧偏移
选择要偏移的对象，或 [退出(E)/放弃(U)] <退出>:　　//回车，结束命令
命令:　　　　　　　　　　　　　　　//回车，输入上一次的偏移命令
OFFSET
当前设置: 删除源=否　　图层=源　　OFFSETGAPTYPE=0
指定偏移距离或 [通过(T)/删除(E)/图层(L)] <600.0000>:　 4700
　　　　　　　　　　　　　　　　　//输入偏移距离 4700 并回车
选择要偏移的对象，或 [退出(E)/放弃(U)] <退出>:
　　　　　　　　　　　　　　　　　//选择第二条纵轴
指定要偏移的那一侧上的点，或 [退出(E)/多个(M)/放弃(U)] <退出>:
　　　　　　　　　　　　　　　　　//在所选纵轴的上侧单击以确定上侧偏移
选择要偏移的对象，或 [退出(E)/放弃(U)] <退出>:　　 //回车，结束命令

同样，用偏移命令可以复制出其他的纵轴，间距依次为 1 600、4 200、900，绘图结果如图 3-7 所示。

图 3-7　纵轴绘制结果

4. 绘制横轴

1）运用直线命令绘制第一条横轴

命令: _line 指定第一点:　　　　　　　　//在适当位置单击确定横轴的一个端点
指定下一点或 [放弃(U)]:　　　　　　　//在适当位置单击确定横轴的另一个端点
指定下一点或 [放弃(U)]:　　　　　　　//回车，结束命令

结果如图 3-8 所示。

图 3-8　第一条横轴绘制结果

2）运用偏移命令绘制其他的横轴

单击【修改】面板中的偏移命令按钮，命令行提示如下：

命令：_offset
当前设置：删除源=否　图层=源　OFFSETGAPTYPE=0
指定偏移距离或 [通过(T)/删除(E)/图层(L)] <900.0000>：　3 300
　　　　　　　　　　　　　　　　　　//输入偏移距离 3 300 并回车
选择要偏移的对象，或 [退出(E)/放弃(U)] <退出>：
　　　　　　　　　　　　　　　　　　//选择第一条横轴
指定要偏移的那一侧上的点，或 [退出(E)/多个(M)/放弃(U)] <退出>：
　　　　　　　　　　　　　　　//在所选横轴的右侧单击以确定右侧偏移
选择要偏移的对象，或 [退出(E)/放弃(U)] <退出>：
　　　　　　　　　　　　　　　　　　//选择第二条横轴
指定要偏移的那一侧上的点，或 [退出(E)/多个(M)/放弃(U)] <退出>：
　　　　　　　　　　　　　　　//在第二条横轴的右侧单击确定右侧偏移
选择要偏移的对象，或 [退出(E)/放弃(U)] <退出>：　//回车，结束命令

同样，利用偏移命令可以复制其他的横轴，其间距依次为 2 700、4 200、4 200、2 700、3 300、3 300。绘图结果如图 3-9 所示。

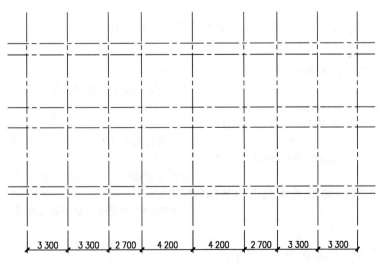

| 3 300 | 3 300 | 2 700 | 4 200 | 4 200 | 2 700 | 3 300 | 3 300 |

图 3-9　横轴绘制结果

5.绘制柱子

1）绘制矩形

在【特性】面板中，将 CONTINUOUS 实线线型置为当前。单击【绘图】面板中的矩形命令按钮 ▭，命令行提示如下：

```
命令:_rectang
指定第一个角点或 [倒角(C)/标高(E)/圆角(F)/厚度(T)/宽度(W)]:      //在任意一点单击
指定另一个角点或 [面积(A)/尺寸(D)/旋转(R)]: d
                                           //输入 D 并回车，选择"尺寸"选项
指定矩形的长度 <50.0000>:400              //输入矩形长度 400 并回车
指定矩形的宽度 <50.0000>:400              //输入矩形宽度 400 并回车
指定另一个角点或 [面积(A)/尺寸(D)/旋转(R)]:      //回车，结束命令
```

2）填充矩形

在命令行中输入 SOLID 命令并回车后，命令行提示如下：

```
命令: solid
指定第一点:                               //捕捉 A 点，如图 3-10 所示
指定第二点:                               //捕捉 B 点
指定第三点:                               //捕捉 C 点
指定第四点或 <退出>:                       //捕捉 D 点
指定第三点:                               //回车，结束命令
```

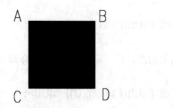

图 3-10　矩形填充结果

3）复制填充矩形

单击【修改】面板中的复制命令按钮 ⚬，命令行提示如下：

```
命令:_copy
选择对象: 指定对角点: 找到 2 个            //选择填充的矩形
选择对象:                                //回车，结束对象选择状态
当前设置:  复制模式 = 多个
指定基点或 [位移(D)/模式(O)] <位移>:
                                         //捕捉矩形的几何中心为基点，如图 3-11 所示
指定第二个点或[阵列(A)] <使用第一个点作为位移>:
                                         //捕捉轴线的交点，复制填充矩形
指定第二个点或 [阵列(A)/退出(E)/放弃(U)] <退出>:
                                         //捕捉轴线的交点，复制填充矩形
        ⋮
```

依次进行复制，结果如图 3-4 所示。

图 3-11　矩形的基点位置

注意： 在复制柱子时，可以先复制一组柱子，再把这组柱子复制到其他轴线上。比如，先把第二条横轴上的四根柱子的位置找好，再整体复制这四根柱子。复制时以轴线的上端点为基点，被复制轴线的上端点为第二点。

实例小结： 通过本实例讲解轴线及柱子的绘制方法。绘制轴线时，应先加载点画线，并根据绘图比例适当调整线型比例的大小，复制轴线一般运用偏移命令。柱子的填充还可以运用填充命令完成。

3.3　绘制旋转楼梯

以旋转楼梯为例，讲解环形阵列命令、打断于点命令的使用方法，本实例还用到直线命令、圆弧命令等，绘制结果如图 3-12 所示。

步骤如下。

1．设置绘图界限

单击下拉菜单栏中的【格式】|【图形界限】命令，根据命令行提示指定左下角点为原点，右上角点为 "900,900"。

在命令行中输入 ZOOM 命令，回车后选择 "全部(A)" 选项，显示图形界限。

2．绘制直线

1）绘制直线 AB

单击【绘图】面板中的直线命令按钮 ，命令行提示如下：

```
命令：_line 指定第一点：              //在绘图区之内任意一点单击，确定点 A
指定下一点或 [放弃(U)]：@240<45       //输入 B 点坐标 "@240<45" 并回车，确定点 B
指定下一点或 [放弃(U)]：              //回车，结束命令
```

结果如图 3-13 所示。

2）将直线 AB 从中点 C 处断开

单击【修改】面板中的打断于点命令按钮 ，命令行提示如下：

```
命令：_break
选择对象：                           //选择直线 AB
指定第二个打断点 或 [第一点(F)]：_f
指定第一个打断点：                   //捕捉直线 AB 的中点 C
指定第二个打断点：@
```

注意： 捕捉直线 AB 的中点时，应将 "中点" 捕捉模式选中。

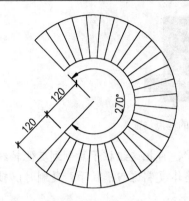

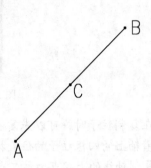

图 3-12　旋转楼梯　　　　　　　　　　图 3-13　直线绘制结果

3．阵列直线 AC

单击【修改】面板中的矩形阵列命令按钮 右侧的下三角号，选择环形阵列命令按钮 ，如图 3-14 所示，命令行提示如下：

　　命令: _arraypolar
　　选择对象: 找到 1 个　　　　　　　　//选择图 3-13 中的直线 AC
　　选择对象:　　　　　　　　　　　　//回车
　　类型 = 极轴　关联 = 是
　　指定阵列的中心点或 [基点(B)/旋转轴(A)]:　　　　//捕捉图 3-13 中的 B 点
　　选择夹点以编辑阵列或 [关联(AS)/基点(B)/项目(I)/项目间角度(A)/填充角度(F)/行(ROW)/层(L)/旋转项目(ROT)/退出(X)] <退出>: I　　//输入 I 并回车，选择"项目"选项
　　输入阵列中的项目数或 [表达式(E)] <6>:28　　//输入 28 并回车，设置阵列项目数
　　选择夹点以编辑阵列或 [关联(AS)/基点(B)/项目(I)/项目间角度(A)/填充角度(F)/行(ROW)/层(L)/旋转项目(ROT)/退出(X)] <退出>: F　　//输入 F 并回车，选择填充角度选项
　　指定填充角度(+=逆时针、−=顺时针)或 [表达式(EX)] <360>: 270
　　　　　　　　　　　　　　　　　　　//输入 270 并回车，设置填充角度
　　选择夹点以编辑阵列或 [关联(AS)/基点(B)/项目(I)/项目间角度(A)/填充角度(F)/行(ROW)/层(L)/旋转项目(ROT)/退出(X)] <退出>:　　//回车

阵列结果如图 3-15 所示。

图 3-14　选择环形阵列命令按钮

4．绘制圆弧

单击【绘图】面板中圆弧按钮 下侧的下三角号 ，选择 【三点】选项，命令行提示如下：

命令: _arc 指定圆弧的起点或 [圆心(C)]:   //捕捉 C 点

指定圆弧的第二个点或 [圆心(C)/端点(E)]:   //捕捉任一直线段的里侧端点

指定圆弧的端点: //捕捉 D 点（图 3-16）

结果如图 3-16 所示。

同样，运用三点画弧的方法可以绘制旋转楼梯的外弧，结果如图 3-12 所示。

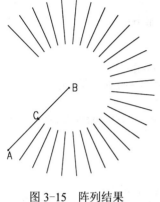

图 3-15　阵列结果

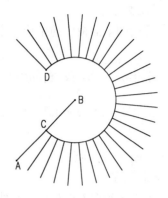

图 3-16　圆弧绘制结果

实例小结：通过旋转楼梯实例讲解阵列命令的使用方法，环形阵列的中心点位置一般应重新设置。

3.4　绘制桌椅平面图

以桌椅平面图为例，讲解旋转命令、移动命令、偏移命令、镜像命令的使用方法和技巧，绘制结果如图 3-17 所示。

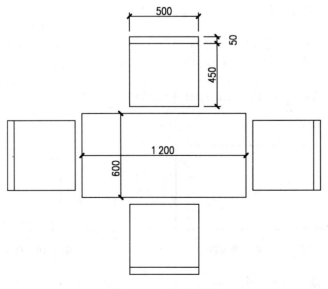

图 3-17　桌椅平面图

步骤如下。

1．设置绘图界限

单击下拉菜单栏中的【格式】|【图形界限】命令，根据命令行提示指定左下角点为原点，右上角点为"3000,3000"。

在命令行中输入 ZOOM 命令，回车后选择"全部(A)"选项，显示图形界限。

2．绘制桌子

单击【绘图】面板中的矩形命令按钮□，命令行提示如下：

```
命令: _rectang
指定第一个角点或 [倒角(C)/标高(E)/圆角(F)/厚度(T)/宽度(W)]:
                                        //在绘图区内任意一点单击
指定另一个角点或 [面积(A)/尺寸(D)/旋转(R)]: @1200,600
                            //输入另一角点的相对坐标"@1200,600"并回车
```

结果如图 3-18 所示。

3．绘制椅子

（1）单击【绘图】面板中的直线命令按钮╱，命令行提示如下：

```
命令: _line 指定第一点:              //在绘图区内任意一点单击
指定下一点或 [放弃(U)]: 500          //沿水平向右方向输入 500 并回车
指定下一点或 [放弃(U)]: 500          //沿垂直向下方向输入 500 并回车
指定下一点或 [闭合(C)/放弃(U)]: 500  //沿水平向左方向输入 500 并回车
指定下一点或 [闭合(C)/放弃(U)]: c    //输入 C 并回车，封闭图形并结束命令
```

（2）单击【修改】面板中的偏移命令按钮凸，命令行提示如下：

```
命令: _offset
当前设置: 删除源=否  图层=源  OFFSETGAPTYPE=0
指定偏移距离或 [通过(T)/删除(E)/图层(L)] <10.0000>:   50
                                        //输入偏移距离 50 并回车
选择要偏移的对象，或 [退出(E)/放弃(U)] <退出>:  //选择矩形下端直线
指定要偏移的那一侧上的点，或 [退出(E)/多个(M)/放弃(U)] <退出>:
                                        //在矩形内任意一点单击
选择要偏移的对象，或 [退出(E)/放弃(U)] <退出>:  //回车
```

结果如图 3-19 所示。

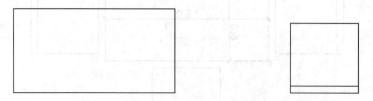

图 3-18　桌子平面图　　　　　　　　图 3-19　椅子平面图

4．将椅子组合成"椅子"组

键盘输入成组命令 GROUP 或 G，回车后命令行提示如下：

命令: G

GROUP　选择对象或　[名称(N)/说明(D)]:指定对角点: 找到 5 个

//选择图 3-19 中的图形

选择对象或　[名称(N)/说明(D)]:N　　　　　　　　//输入 N 并回车

输入编组名或　[?]: 椅子　　　　　　　　　　　//输入组名"椅子"并回车

组"椅子"已创建。

5．调整图形

1）移动椅子位置

单击【修改】面板中的移动命令按钮✥，命令行提示如下:

命令:_move

选择对象: 找到 5 个，1 个编组　　　　　　//选择"椅子"组

选择对象:　　　　　　　　　　　　　　//回车，结束命令

指定基点或　[位移(D)] <位移>:　　　　　//捕捉椅子上端直线 1 的中点

指定第二个点或 <使用第一个点作为位移>: 50

//由直线 2 的中点垂直向下追踪间距为 50

结果如图 3-20 所示。

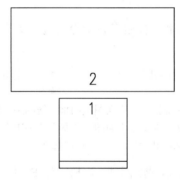

图 3-20　移动椅子结果

2）旋转复制椅子

单击【修改】面板中的旋转命令按钮↻，命令行提示如下:

命令:_rotate

UCS　当前的正角方向:　ANGDIR=逆时针　ANGBASE=0

选择对象: 找到 5 个，1 个编组　　　　　　//选择椅子组 A（图 3-21）

选择对象:　　　　　　　　　　　　　//回车

指定基点:　<对象捕捉 开>　　　　　　//捕捉椅子组 A 的左上角点

指定旋转角度，或　[复制(C)/参照(R)] <270>:　c

//输入 C 并回车，选择"复制(C)"选项

旋转一组选定对象

指定旋转角度，或　[复制(C)/参照(R)] <270>:　–90

//输入旋转角度–90 并回车，旋转复制出椅子组 B

3）移动椅子

单击【修改】面板中的移动命令按钮✥，命令行提示如下:

命令: _move

选择对象: 找到 5 个, 1 个编组   //选择椅子组 B

选择对象: //回车

指定基点或 [位移(D)]   //捕捉椅子组 B 的右端直线 3 的中点（图 3-21）

指定第二个点或 <使用第一个点作为位移>: 50

                               //沿直线 4 的中点水平向左追踪间距为 50（图 3-21）

结果如图 3-21 所示。

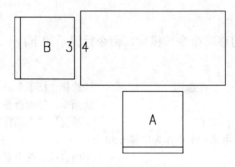

图 3-21   旋转复制的结果

6. 镜像椅子

单击【修改】面板中的镜像命令按钮，命令行提示如下：

命令: _mirror

选择对象: 找到 5 个, 1 个编组   //选择椅子组 A

选择对象: //回车

指定镜像线的第一点: //捕捉桌子平面图左侧垂直线的中点作为镜像线的第一点

指定镜像线的第二点: //捕捉桌子平面图右侧垂直线的中点作为镜像线的第二点

要删除源对象吗? [是(Y)/否(N)] <N>:   //回车

由椅子组 A 镜像出椅子组 C 完成。同理，由椅子组 B 可镜像出椅子组 D，结果如图 3-22 所示。

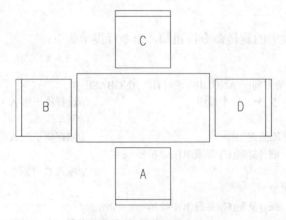

图 3-22   镜像的结果

实例小结：通过本实例讲解旋转、移动、偏移、镜像等命令的使用方法和技巧。旋转命令和移动命令可以对所选对象的方向和位置进行调整，操作时需指定基点。本实例还用到了对象编组命令 GROUP，该命令可以把选中的对象编成组，可将组作为一个对象进行移动、旋转、复制等操作。

3.5　绘制橱柜立面图

以橱柜立面图为例，讲解拉伸命令和镜像命令的使用方法和技巧。在绘图中主要用到矩形命令、直线命令等。绘图结果如图 3-23 所示。

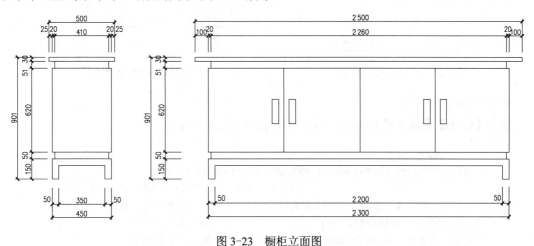

图 3-23　橱柜立面图

步骤如下。

1．设置绘图界限

单击下拉菜单栏中的【格式】|【图形界限】命令，根据命令行提示指定左下角点为原点，右上角点为“5000,4000”。

在命令行中输入 ZOOM 命令，回车后选择“全部(A)”选项，显示图形界限。

2．绘制橱柜侧立面

1）绘制上端的小矩形

单击【绘图】面板中的矩形命令按钮，命令行提示如下：

```
命令: _rectang
指定第一个角点或 [倒角(C)/标高(E)/圆角(F)/厚度(T)/宽度(W)]:
                                        //在绘图区内任意一点单击
指定另一个角点或 [面积(A)/尺寸(D)/旋转(R)]: d
                                        //输入 D 并回车，选择尺寸选项
指定矩形的长度 <10.0000>: 500            //输入 500 并回车
指定矩形的宽度 <10.0000>: 30             //输入 30 并回车
指定另一个角点或 [面积(A)/尺寸(D)/旋转(R)]:  //确定矩形方向
```

结果如图 3-24 所示。

2）绘制上端直线

单击【绘图】面板中的直线命令按钮，命令行提示如下：

命令: _line 指定第一点: 45　　　　　　//沿 A 点水平向右极轴方向输入距离 45 并回车

指定下一点或 [放弃(U)]: 51　　　　　//沿垂直向下方向输入 51 并回车

指定下一点或 [放弃(U)]:　　　　　　//回车，结束命令

命令:　　　　　　　　　　　　　　//回车，输入上一次的直线命令

LINE 指定第一点: 45　　　　　　　//沿 B 点水平向左极轴方向输入距离 45 并回车

指定下一点或 [放弃(U)]: 51　　　　　//沿垂直向下方向输入 51 并回车

指定下一点或 [放弃(U)]:　　　　　　//回车，结束命令

结果如图 3-25 所示。

图 3-24　小矩形绘制结果　　　　　　　　图 3-25　直线绘制结果

3）绘制大矩形

单击【绘图】面板中的矩形命令按钮▭，命令行提示如下：

命令: _rectang

指定第一个角点或 [倒角(C)/标高(E)/圆角(F)/厚度(T)/宽度(W)]: 20

　　　　　　　　　　　　//沿 C 点水平向左追踪方向输入距离 20 并回车

指定另一个角点或 [面积(A)/尺寸(D)/旋转(R)]: d　　//输入 D 并回车，选择尺寸选项

指定矩形的长度 <500.0000>: 450　　　　　//输入 450 并回车

指定矩形的宽度 <30.0000>: 620　　　　　//输入 620 并回车

指定另一个角点或 [面积(A)/尺寸(D)/旋转(R)]:

　　　　　　　　　　　　//在 C 点的右下角点处任意一点单击，确定矩形的方向

结果如图 3-26 所示。

4）绘制下端直线

单击【绘图】面板中的直线命令按钮✏，命令行提示如下：

命令: _line 指定第一点: 20　　　　　//由 D 点（图 3-26）水平向右追踪间距为 20

指定下一点或 [放弃(U)]: 50　　　　　//沿垂直向下方向输入间距 50 并回车

指定下一点或 [放弃(U)]:　　　　　　//回车，结束命令

命令:　　　　　　　　　　　　　　//回车，输入上一次的直线命令

LINE 指定第一点: 20　　　　　　　//沿 E 点（图 3-26）水平向左追踪间距为 20

指定下一点或 [放弃(U)]: 50　　　　　//沿垂直向下方向输入间距 50 并回车

指定下一点或 [放弃(U)]:　　　　　　//回车，结束命令

结果如图 3-27 所示。

5）绘制底部直线

单击【绘图】面板中的直线命令按钮✏，命令行提示如下：

命令: _line 指定第一点: 20　　　　　//沿 F 点（图 3-27）水平向左极轴方向输入间距 20

指定下一点或 [放弃(U)]: 150　　　　　//沿垂直向下方向输入 150 并回车

指定下一点或 [放弃(U)]: 50　　　　　//沿水平向右方向输入 50 并回车

指定下一点或 [闭合(C)/放弃(U)]: 100　　//沿垂直向上方向输入 100 并回车

指定下一点或 [闭合(C)/放弃(U)]: 350　　//沿水平向右方向输入 350 并回车

指定下一点或 [闭合(C)/放弃(U)]: 100	//沿垂直向下方向输入 100 并回车
指定下一点或 [闭合(C)/放弃(U)]: 50	//沿水平向右方向输入 50 并回车
指定下一点或 [闭合(C)/放弃(U)]: 150	//沿垂直向上方向输入 150 并回车
指定下一点或 [闭合(C)/放弃(U)]: c	//输入 C 并回车，封闭图形并结束命令

结果如图 3-28 所示。

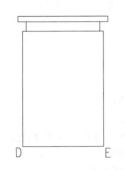

图 3-26　大矩形绘图结果

图 3-27　下端的直线

3. 绘制橱柜正立面

1）复制橱柜侧立面图

运用复制命令复制橱柜侧立面图。

2）拉伸橱柜侧立面

单击【修改】面板中的拉伸命令按钮，命令行提示如下：

命令: _stretch
以交叉窗口或交叉多边形选择要拉伸的对象...
选择对象: 指定对角点: 找到 9 个
　　　　　　　　　　//以交叉窗口方式选择橱柜侧面图的右半部分，如图 3-29 所示
选择对象:　　　　　　　　　//回车，结束对象选择状态
指定基点或 [位移(D)] <位移>:　　//任意一点单击
指定第二个点或 <使用第一个点作为位移>:　1 850
　　　　　　　　　　//沿基点水平向右方向输入 1 850 并回车

结果如图 3-30 所示。

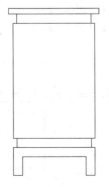

图 3-28　橱柜侧面图

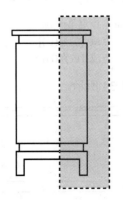

图 3-29　选择窗口

图 3-30　拉伸结果

3）拉伸橱柜的左上角及右上角

命令：　STRETCH　　　　　　　　　　　//输入拉伸命令
以交叉窗口或交叉多边形选择要拉伸的对象...
选择对象: 指定对角点: 找到 1 个　　　//交叉窗口如图 3-31 所示，选择柜面左上角
选择对象:　　　　　　　　　　　　　　//回车
指定基点或 [位移(D)] <位移>:　　　　　//任意指定一点
指定第二个点或 <使用第一个点作为位移>: 75　//沿基点水平向左输入 75 并回车

结果如图 3-32 所示。

图 3-31　交叉窗口

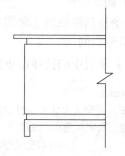

图 3-32　左上角拉伸结果

同样，运用拉伸命令可以拉伸橱柜的右上角点，结果如图 3-33 所示。

4）绘制直线部分

（1）单击【绘图】面板中的直线命令按钮，命令行提示如下：

命令: _line 指定第一点:　　　　　　　//捕捉中点 G（图 3-34）
指定下一点或 [放弃(U)]:　　　　　　　//捕捉中点 H（图 3-34）
指定下一点或 [放弃(U)]:　　　　　　　//回车

结果如图 3-34 所示。

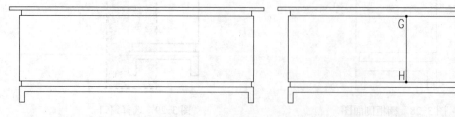

图 3-33　拉伸结果　　　　　　　　　　图 3-34　直线 GH 绘制结果

（2）单击【修改】面板中的偏移命令按钮 ，命令行提示如下：

命令: _offset

当前设置: 删除源=否　图层=源　OFFSETGAPTYPE=0

指定偏移距离或 [通过(T)/删除(E)/图层(L)] <通过>: 575

选择要偏移的对象，或 [退出(E)/放弃(U)] <退出>:　　　　//选择直线 GH

指定要偏移的那一侧上的点，或 [退出(E)/多个(M)/放弃(U)] <退出>:

　　　　　　　　　　　　　　　　　　　　　　//在直线 GH 左侧单击确定偏移方向

选择要偏移的对象，或 [退出(E)/放弃(U)] <退出>:　　　　//选择直线 GH

指定要偏移的那一侧上的点，或 [退出(E)/多个(M)/放弃(U)] <退出>:

　　　　　　　　　　　　　　　　　　　　　　//在直线 GH 右侧单击确定偏移方向

选择要偏移的对象，或 [退出(E)/放弃(U)] <退出>:　　　　//回车

结果如图 3-35 所示。

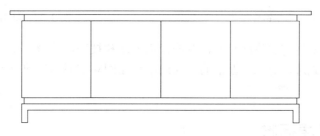

图 3-35　直线偏移结果

5）绘制矩形把手

（1）单击【绘图】面板中的矩形命令按钮 ，命令行提示如下：

命令: _rectang

指定第一个角点或 [倒角(C)/标高(E)/圆角(F)/厚度(T)/宽度(W)]: _from 基点: <偏移>:

@-40, -230

　　　　　　　　　　//按住键盘上 Shift 键并单击右键，选择捕捉"自"选项，基点选择 K 点，

偏移输入"@-40, -230"并回车

指定另一个角点或 [面积(A)/尺寸(D)/旋转(R)]: @-50, -180

　　　　　　　　　　//输入矩形对角点坐标"@-50, -180"并回车

（2）单击【修改】面板中的镜像命令按钮 ，命令行提示如下：

命令: _mirror

选择对象: 指定对角点: 找到 1 个　　　　//选择刚刚绘制的矩形把手

选择对象:　　　　　　　　　　　　　　//回车

指定镜像线的第一点:　　　　　　　　　//捕捉 K 点（图 3-36）作为镜像线的第一点

指定镜像线的第二点:　　　　　　　　　//沿 K 垂直向下任意一点作为第二点

要删除源对象吗? [是(Y)/否(N)] <N>:　　//回车

结果如图 3-36 所示。

（3）单击【修改】面板中的复制命令按钮 ，命令行提示如下：

命令: _copy

选择对象: 指定对角点: 找到 2 个　　　　//选择两个矩形把手

选择对象:

当前设置: 复制模式 = 多个

指定基点或 [位移(D) /模式(O)] <位移>:   //捕捉 K 点作为基点

指定第二个点或[阵列(A)] <使用第一个点作为位移>:   //捕捉 M 点（图 3-37）作为第二个点

指定第二个点或 [阵列(A)/退出(E)/放弃(U)] <退出>:   //回车

结果如图 3-37 所示。

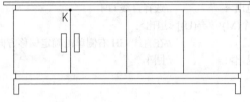

图 3-36　矩形镜像结果　　　　　　　　　　图 3-37　复制结果

实例小结：本实例主要讲解拉伸命令的使用方法和技巧，该命令使用时必须用交叉窗口或交叉多边形的方式选取对象。橱柜的正立面图是在侧立面图的基础上运用拉伸等命令修改而成的。

3.6　绘制五角星标志

以五角星标志为例，主要讲解修剪命令和删除命令的使用方法。绘图中用到的命令有直线命令、正多边形命令、圆命令等，绘图结果如图 3-38 所示。

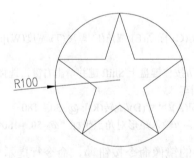

R100

图 3-38　五角星标志

步骤如下。

1. 绘制辅助图形五边形

单击【绘图】面板中的矩形命令按钮▭右侧的下三角号▼，选择正多边形命令按钮⬠多边形，命令行提示如下：

命令: _polygon 输入侧面数 <4>: 5   //输入正多边形的边数 5 并回车

指定正多边形的中心点或 [边(E)]:   //在绘图区内任意一点单击

输入选项 [内接于圆(I)/外切于圆(C)] <I>: I   //输入 I 并回车，选择外接于圆选项

指定圆的半径: 100   //输入外接圆半径 100 并回车

结果如图 3-39 所示。

2．绘制直线

单击【绘图】面板中的直线命令按钮，按照 ABCDEA 的顺序画直线，命令行提示如下：

```
命令: _line  指定第一点:              //捕捉 A 点
指定下一点或 [放弃(U)]:               //捕捉 B 点
指定下一点或 [放弃(U)]:               //捕捉 C 点
指定下一点或 [闭合(C)/放弃(U)]:       //捕捉 D 点
指定下一点或 [闭合(C)/放弃(U)]:       //捕捉 E 点
指定下一点或 [闭合(C)/放弃(U)]:       //捕捉 A 点
指定下一点或 [闭合(C)/放弃(U)]:       //回车，结束命令
```

结果如图 3-40 所示。

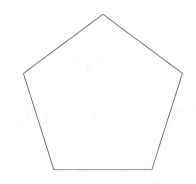

图 3-39　正多边形绘制结果

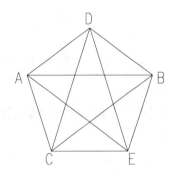

图 3-40　直线绘制结果

3．删除正五边形

单击【修改】面板中的删除命令按钮，命令行提示如下：

```
命令: _erase
选择对象: 指定对角点: 找到 1 个        //选择正五边形
选择对象:                             //回车，结束命令
```

结果如图 3-41 所示。

4．修剪直线

单击【修改】面板中的修剪命令按钮，命令行提示如下：

```
命令: _trim
当前设置:投影=UCS，边=无
选择剪切边...
选择对象或 <全部选择>:  指定对角点: 找到 5 个      //选择图 3-41 中的所有直线
选择对象:                             //回车
选择要修剪的对象，或按住 Shift 键选择要延伸的对象，或
[栏选(F)/窗交(C)/投影(P)/边(E)/删除(R)/放弃(U)]:   //选择直线 FG（图 3-42）
选择要修剪的对象，或按住 Shift 键选择要延伸的对象，或
[栏选(F)/窗交(C)/投影(P)/边(E)/删除(R)/放弃(U)]:   //选择直线 GH（图 3-42）
选择要修剪的对象，或按住 Shift 键选择要延伸的对象，或
[栏选(F)/窗交(C)/投影(P)/边(E)/删除(R)/放弃(U)]:   //选择直线 HI（图 3-42）
选择要修剪的对象，或按住 Shift 键选择要延伸的对象，或
```

[栏选(F)/窗交(C)/投影(P)/边(E)/删除(R)/放弃(U)]:   //选择直线 IJ（图 3-42）

选择要修剪的对象，或按住 Shift 键选择要延伸的对象，或

[栏选(F)/窗交(C)/投影(P)/边(E)/删除(R)/放弃(U)]:   //选择直线 JF（图 3-42）

选择要修剪的对象，或按住 Shift 键选择要延伸的对象，或

[栏选(F)/窗交(C)/投影(P)/边(E)/删除(R)/放弃(U)]:   //回车

结果如图 3-42 所示。

图 3-41   删除正五边形结果   图 3-42   直线修剪结果

5. 绘制圆

单击【绘图】面板中圆命令按钮下侧的下三角号，选择【三点】选项，命令行提示如下：

命令: _circle

指定圆的圆心或 [三点(3P)/两点(2P)/ 切点、切点、半径(T)]:

_3p 指定圆上的第一个点: //捕捉 K 点

指定圆上的第二个点: //捕捉 L 点

指定圆上的第三个点: //捕捉 M 点

结果如图 3-43 所示。

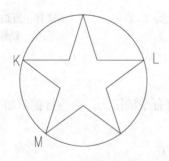

图 3-43   圆绘制结果

实例小结：在作图时可以根据需要绘制辅助图形，比如绘制五角星时，需要绘制正五边形作为辅助图形。在使用修剪命令时，同一对象既可作为修剪边也可作为被修剪边；在选择被修剪的对象时，按住 Shift 键表示由修剪状态变为延伸状态。

3.7   绘制浴缸平面图

以浴缸平面图为例，讲解倒角命令使用方法。绘图结果如图 3-44 所示。

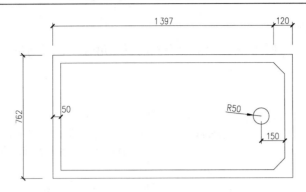

图 3-44　浴缸平面图

步骤如下。

1．设置绘图界限

单击下拉菜单栏中的【格式】|【图形界限】命令，命令行提示如下：

命令：'_limits
重新设置模型空间界限：
指定左下角点或 [开(ON)/关(OFF)] <0.0000,0.0000>：　　　　　　　//回车，取默认值
指定右上角点 <420.0000,297.0000>：2500,2500
　　　　　　　　　　　　　//输入右上角点坐标"2 500，2 500"并回车
在命令行中输入 ZOOM 并回车，显示全图范围，命令行提示如下：
命令：ZOOM
指定窗口的角点，输入比例因子 (nX 或 nXP)，或者
[全部(A)/中心(C)/动态(D)/范围(E)/上一个(P)/比例(S)/窗口(W)/对象(O)] <实时>：a
　　　　　　　　　　　　　//输入 A 并回车，选择"全部(A)"选项

2．绘制大矩形

单击【绘图】面板中的矩形命令按钮▭，命令行提示如下：

命令：_rectang
指定第一个角点或 [倒角(C)/标高(E)/圆角(F)/厚度(T)/宽度(W)]：
指定另一个角点或 [面积(A)/尺寸(D)/旋转(R)]：d
　　　　　　　　　　　　　//输入 D 并回车，选择"尺寸(D)"选项
指定矩形的长度 <10.0000>：1 517　　　　　//输入矩形的长度 1 517 并回车
指定矩形的宽度 <10.0000>：762　　　　　　//输入矩形的宽度 762 并回车
指定另一个角点或 [面积(A)/尺寸(D)/旋转(R)]：　　　　//确定矩形的方向

3．偏移小矩形

单击【修改】面板中的偏移命令按钮 ，命令行提示如下：

命令：_offset
当前设置：删除源=否　图层=源　OFFSETGAPTYPE=0
指定偏移距离或 [通过(T)/删除(E)/图层(L)] <1.0000>：50　　//输入偏移距离 50 并回车
选择要偏移的对象，或 [退出(E)/放弃(U)] <退出>：　　　　　　//选择大矩形
指定要偏移的那一侧上的点，或 [退出(E)/多个(M)/放弃(U)] <退出>：
　　　　　　　　　　　　　//在大矩形的内部任意一点单击，确定偏移方向
选择要偏移的对象，或 [退出(E)/放弃(U)] <退出>：　　　//回车，结束命令

4. 小矩形倒直角

单击【修改】面板中圆角命令按钮 □·右侧的下三角号，选择倒角命令 ◁ 倒角，如图 3-45 所示，命令行提示如下：

> 命令: _chamfer
> （"修剪"模式）当前倒角距离 1 = 0.0000，距离 2 = 0.0000
> 选择第一条直线或 [放弃(U)/多段线(P)/距离(D)/角度(A)/修剪(T)/方式(E)/多个(M)]: D
> 　　　　　　　　　　　　　　//输入 D 并回车，选择距离选项
> 指定第一个倒角距离 <0.0000>: 70
> 　　　　　　　　　　　　　//输入 70 并回车，设置第一个倒角距离 70
> 指定第二个倒角距离 <70.0000>: 70　　　　　//输入第二个倒角距离 70 并回车
> 选择第一条直线或 [放弃(U)/多段线(P)/距离(D)/角度(A)/修剪(T)/方式(E)/多个(M)]: m
> 　　　　　　　　　　　　//输入 M 并回车，选择"多个(M)"选项
> 选择第一条直线或 [放弃(U)/多段线(P)/距离(D)/角度(A)/修剪(T)/方式(E)/多个(M)]:
> 　　　　　　　　　　　　　　//选择小矩形的上侧线段
> 选择第二条直线，或按住 Shift 键选择要应用角点的直线:
> 　　　　　　　　　　　　　　//选择小矩形的右侧线段
> 选择第一条直线或 [放弃(U)/多段线(P)/距离(D)/角度(A)/修剪(T)/方式(E)/多个(M)]:
> 　　　　　　　　　　　　　　//选择小矩形的右侧线段
> 选择第二条直线，或按住 Shift 键选择要应用角点的直线:
> 　　　　　　　　　　　　　　//选择小矩形的下侧线段
> 选择第一条直线或 [放弃(U)/多段线(P)/距离(D)/角度(A)/修剪(T)/方式(E)/多个(M)]:
> 　　　　　　　　　　　　　　//回车，结束命令

绘图结果如图 3-46 所示。

图 3-45　选择倒角命令按钮

图 3-46　倒角修改结果

5. 绘制圆

单击【绘图】面板中圆命令按钮 ⊙ 下侧的下三角号 圆 ，选择 ⊙ 圆心，半径【圆心、半径】选项，命令行提示如下：

> 命令: _circle 指定圆的圆心或 [三点(3P)/两点(2P)/ 切点、切点、半径(T)]: 150
> 　　　//由小矩形右侧线段的中点向左追踪距离为 150，确定圆心，如图 3-47 所示
> 指定圆的半径或 [直径(D)] <461.6447>: 50　　　　　　//输入 50 并回车

结果如图 3-44 所示。

实例小结：本实例主要应用了矩形命令、偏移命令和倒角命令。在使用倒角命令时，可以设置倒角距离，当两个倒角距离都为 0 时，倒角命令将延伸两条直线至交点处。还可以设

置倒角时的修剪方式，当处于"修剪"模式时，将修剪掉拐角边，而"不修剪"模式将保留原拐角边。

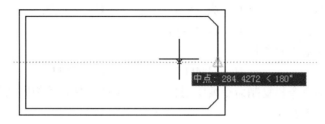

图 3-47　追踪圆心

3.8　思考与练习

1．思考题

（1）复制命令与镜像命令有何区别？

（2）修剪命令与延伸命令有何区别与联系？

（3）构造选择集有哪几种方式？

（4）对象编组的作用是什么？

（5）环形阵列与矩形阵列各适用于哪种情况使用？

2．连线题

将左侧的命令与右侧的功能连接起来。

ERASE	镜像
MIRROR	复制
COPY	删除
ARRAY	阵列
EXPLODE	修剪
TRIM	延伸
EXTEND	圆角
FILLET	分解
STRETCH	拉伸
SCALE	缩放
CHAMFER	旋转
MOVE	移动
ROTATE	倒角

3．选择题

（1）下列命令是移动命令的快捷键的是（　　　）。

　　A．RO　　　　　　B．M　　　　　　C．CO　　　　　　D．SC

（2）运用延伸命令延伸对象时，在"选择延伸的对象"提示下，按住（　　　）键，可以由延伸对象状态变为修剪对象状态。

A. Alt   B. Ctrl   C. Shift   D. 以上均可

（3）分解命令 EXPLODE 可分解的对象有（   ）。

A. 尺寸标注   B. 块   C. 多段线

D. 图案填充   E. 以上均可

（4）设置图形界限的命令是（   ）。

A. SNAP   B. LIMITS   C. UNITS   D. GRID

（5）当使用移动命令和复制命令编辑对象时，两个命令具有的相同功能是（   ）。

A. 对象的尺寸不变

B. 对象的方向被改变了

C. 原实体保持不变，增加了新的实体

D. 对象的基点必须相同

4．绘图题

绘制下列各家具图。

（1）柜台平面图，如图 3-48 所示。

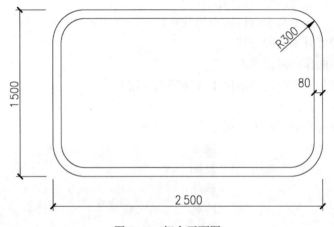

图 3-48　柜台平面图

（2）沙发平面图，如图 3-49 所示。

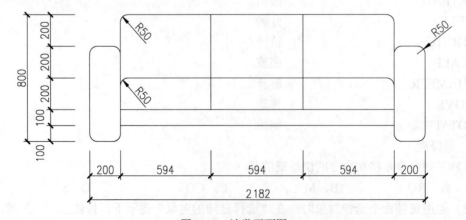

图 3-49　沙发平面图

（3）桌椅平面图，如图 3-50 所示。

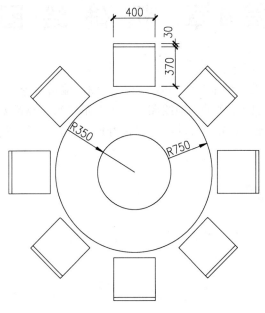

图 3-50 桌椅平面图

第4章 精 确 绘 图

利用第 2~3 章介绍的二维基本绘图命令和二维图形编辑命令可以大致绘制图形，但实际绘图时，经常要按照一定的比例准确地绘图，要求图形中每一点都要准确定位。本章所介绍的正交、极轴、对象捕捉和对象追踪功能可以很好地捕捉点，实现精确定位，提高绘图精度和效率。

4.1 绘制桌子前视图

本实例主要应用正交命令、直线命令、矩形命令和镜像命令，绘制如图 4-1 所示图形。

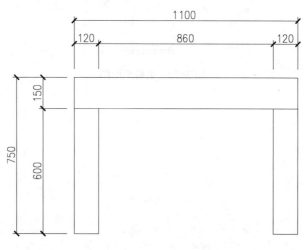

图 4-1 桌子前视图

步骤如下。

1．设置绘图界限

单击下拉菜单栏中的【格式】|【图形界限】命令，根据命令行提示指定左下角点为原点，右上角点为"2000,2000"。

在命令行中输入 ZOOM 命令，回车后选择"全部(A)"选项，显示图形界限。

2．打开正交模式

单击状态栏中的【正交】按钮，打开正交模式。

注意：正交模式可以控制是否以正交方式画图。当正交模式打开时，只能沿着水平方向或垂直方向绘图，执行移动等命令时也只能沿着水平方向或垂直方向操作。

3．绘制矩形

单击【绘图】面板中的矩形命令按钮 □，命令行提示如下：

命令: _rectang

指定第一个角点或 [倒角(C)/标高(E)/圆角(F)/厚度(T)/宽度(W)]:

//在绘图区之内任意一点单击，确定矩形的第一个角点

指定另一个角点或 [面积(A)/尺寸(D)/旋转(R)]: @1100,150

//输入矩形的另一个角点的坐标 "@1100,150" 并回车

4．绘制直线

单击【绘图】面板中的直线命令按钮 ，命令行提示如下：

命令: _line 指定第一点:　　　　　　　　　//捕捉矩形的左下角点 A（图 4-2）

指定下一点或 [放弃(U)]: 600　　　　　　　//沿垂直向下方向输入距离 600 并回车

指定下一点或 [放弃(U)]: 120　　　　　　　//沿水平向右方向输入距离 120 并回车

指定下一点或 [闭合(C)/放弃(U)]: 600　　　//沿垂直向上方向输入距离 600 并回车

指定下一点或 [闭合(C)/放弃(U)]:　　　　　//回车，结束命令

结果如图 4-2 所示。

5．镜像图形

单击【修改】面板中的镜像命令按钮 ，命令行提示如下：

命令: _mirror

选择对象: 指定对角点: 找到 3 个　　　　　//选择三条直线

选择对象:　　　　　　　　　　　　　　　　//回车

指定镜像线的第一点:　　　　　　　　　　　//捕捉矩形的中点 B（图 4-3）

指定镜像线的第二点:　　　　　　　　　　　//捕捉矩形的中点 C（图 4-3）

要删除源对象吗？[是(Y)/否(N)] <N>:　　　//回车，不删除原对象

结果如图 4-3 所示。

图 4-2　直线和矩形命令结果

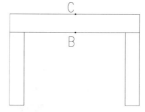

图 4-3　镜像结果

实例小结：本实例中所有的线段均为水平线或竖直线，适合在正交模式下绘制。按 F8 键也可以打开或关闭正交模式。

4.2　绘制梯形钢屋架

本实例主要应用端点捕捉、中点捕捉、交点捕捉、极轴追踪与对象捕捉追踪等知识，涉及的命令主要有直线命令、打断命令、镜像命令等，绘图结果如图 4-4 所示。

步骤如下。

1．设置绘图界限

单击下拉菜单栏中的【格式】|【图形界限】命令，根据命令行提示指定左下角点为原点，

右上角点为"2500,2500"。

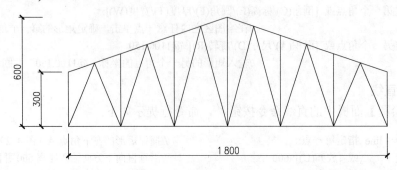

图 4-4 梯形钢屋架

在命令行中输入 ZOOM 命令，回车后选择"全部(A)"选项，显示图形界限。

2. 设置捕捉模式

单击状态栏中的【对象捕捉】按钮 ▓▓▼ 右侧的下三角号，选择【对象捕捉设置】选项，弹出【草图设置】对话框。选择【对象捕捉】标签，打开【对象捕捉】选项卡，如图 4-5 所示。选择"端点""中点""交点""延长线"四种捕捉模式，并选中【启用对象捕捉】复选框和【启用对象捕捉追踪】复选框，单击【确定】按钮。

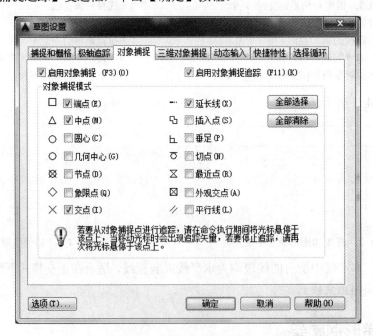

图 4-5 【对象捕捉】选项卡

注意：

各种捕捉模式的功能说明如下：

（1）端点：捕捉线段或圆弧的端点。

（2）中点：捕捉线段或圆弧等对象的中点。

（3）圆心：捕捉圆或圆弧的圆心。

（4）几何中心：捕捉封闭多段线的几何中心。

（5）节点：捕捉运用"点"命令绘制的点。

（6）象限点：捕捉圆最上、最下、最左、最右的四个点或椭圆的轴端点。

（7）交点：捕捉线段、圆或圆弧等对象的交点。

（8）延长线：捕捉直线或圆弧的延长线上的点。

（9）插入点：捕捉块、图形、文字和属性的插入点。

（10）垂足：捕捉垂直于直线、圆或圆弧的点。

（11）切点：捕捉圆、圆弧或椭圆上的切点。

（12）最近点：捕捉对象上离拾取点最近的点。

（13）外观交点：捕捉到两个对象的外观的交点。

（14）平行线：捕捉图形对象的平行线上的点。

3．设置极轴追踪

单击状态栏中的【极轴】按钮右侧的下三角号，选择【正在追踪设置】选项，弹出【草图设置】对话框，选择【极轴追踪】标签，打开【极轴追踪】选项卡，如图 4-6 所示。选中【启用极轴追踪】复选框，将【极轴角设置】选项区域的【增量角】设置为 90，单击【确定】按钮。

图 4-6 【极轴追踪】选项卡

4．绘制轮廓线

单击【绘图】面板中的直线命令按钮，命令行提示如下：

命令: _line 指定第一点:　　　　　　//在绘图区内任意一点单击确定 A 点

指定下一点或 [放弃(U)]: 300　　　　//沿垂直向下方向输入距离 300 并回车确定 B 点

指定下一点或 [放弃(U)]: 1 800　　　//沿水平向右方向输入距离 1800 并回车确定 C 点

指定下一点或 [闭合(C)/放弃(U)]: 300	
	//沿垂直向上方向输入距离 300 并回车确定 D 点
指定下一点或 [闭合(C)/放弃(U)]:	//回车，结束命令
命令:	//回车，输入上一次直线命令
LINE 指定第一点:	//捕捉直线 BC 的中点 E
指定下一点或 [放弃(U)]:600	//沿垂直向上极轴方向输入距离 600 并回车确定 F 点
指定下一点或 [放弃(U)]:	//回车，结束命令
命令:	//回车，输入上一次直线命令
LINE 指定第一点:	//捕捉 A 点
指定下一点或 [放弃(U)]:	//捕捉 F 点
指定下一点或 [放弃(U)]:	//捕捉 D 点
指定下一点或 [闭合(C)/放弃(U)]:	//回车，结束命令

结果如图 4-7 所示。

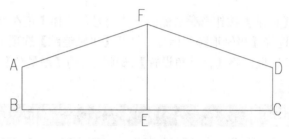

图 4-7　外轮廓图

5．绘制左半部分内部结构

（1）单击【绘图】面板中的直线命令按钮，命令行提示如下：

命令: _line 指定第一点: 300	//沿 B 点水平向右追踪间距为 300 确定 G 点
指定下一点或 [放弃(U)]:	//沿垂直向上方向捕捉交点 H
指定下一点或 [放弃(U)]:	//回车，结束命令
命令:	//回车，输入上一次直线命令
LINE 指定第一点: 300	//沿 G 点水平向右追踪距离为 300 确定 Z 点
指定下一点或 [放弃(U)]:	//沿垂直向上方向捕捉交点 K
指定下一点或 [放弃(U)]:	//回车，结束命令

（2）单击【修改】面板中的打断于点命令按钮，命令行提示如下：

命令: _break	
选择对象:	//选择直线 AF
指定第二个打断点 或 [第一点(F)]: _f	
指定第一个打断点:	//捕捉交点 H
指定第二个打断点: @	

再一次单击打断于点命令按钮，命令行提示如下：

命令: _break	
选择对象:	//选择直线 HF
指定第二个打断点 或 [第一点(F)]: _f	

指定第一个打断点: //捕捉交点 K
指定第二个打断点: @

（3）单击【绘图】面板中的直线命令按钮✐，命令行提示如下：

命令: _line 指定第一点: //捕捉端点 B
指定下一点或 [放弃(U)]:   //捕捉直线 AH 的中点
指定下一点或 [放弃(U)]:   //捕捉端点 G
指定下一点或 [闭合(C)/放弃(U)]:   //捕捉直线 HK 的中点
指定下一点或 [闭合(C)/放弃(U)]:   //捕捉端点 Z
指定下一点或 [闭合(C)/放弃(U)]:   //捕捉直线 KF 的中点
指定下一点或 [闭合(C)/放弃(U)]:   //捕捉端点 E
指定下一点或 [闭合(C)/放弃(U)]:   //回车，结束命令

结果如图 4-8 所示。

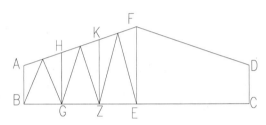

图 4-8   左半部分内部结构

6. 镜像图形

单击【修改】面板中的镜像命令按钮▲，命令行提示如下：

命令: _mirror
选择对象: 指定对角点: 找到 8 个   //选择左半部分内部结构
选择对象: //回车
指定镜像线的第一点: //捕捉 E 点作为镜像线的第一点
指定镜像线的第二点: //捕捉 F 点作为镜像线的第二点
要删除源对象吗? [是(Y)/否(N)] <N>:   //回车，不删除原对象

结果如图 4-9 所示。

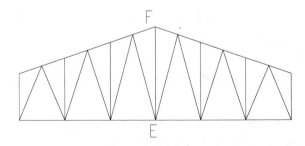

图 4-9   镜像结果

实例小结： 本实例综合应用极轴追踪、对象捕捉和对象捕捉追踪功能。启用对象捕捉追踪功能之前，必须先启用对象捕捉功能。

4.3　绘制电视机立面图

以电视机立面图为例讲解"捕捉自"捕捉模式的使用方法，同时运用极轴追踪、对象捕捉及对象捕捉追踪的相关功能。涉及的命令主要有直线、矩形、填充、倒角、偏移等，绘图结果如图 4-10 所示。

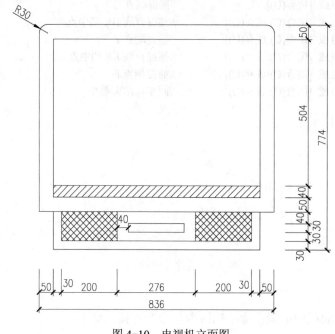

图 4-10　电视机立面图

步骤如下。

1．设置绘图界限

单击下拉菜单栏中的【格式】|【图形界限】命令，根据命令行提示指定左下角点为原点，右上角点为"1 500，1 500"。

在命令行中输入 ZOOM 命令，回车后选择"全部(A)"选项，显示图形界限。

2．设置捕捉模式

单击状态栏中的【对象捕捉】按钮▇▇▼右侧的下三角号，选择"端点""中点""交点""范围"四种捕捉模式，并启用对象捕捉和对象捕捉追踪功能。

3．设置极轴追踪

单击状态栏中的【极轴】按钮▇▇▼右侧的下三角号，将增量角设置为 90，并启用极轴追踪功能。

4．绘制电视机的上半部分

（1）单击【绘图】面板中的矩形命令按钮▭，命令行提示如下：

命令: _rectang

指定第一个角点或 [倒角(C)/标高(E)/圆角(F)/厚度(T)/宽度(W)]:

//在绘图区内任意一点单击确定矩形的第一角点

指定另一个角点或 [面积(A)/尺寸(D)/旋转(R)]: @836,644

          //输入矩形另一角点的坐标 "@836,644" 并回车

（2）单击【修改】面板中的圆角命令按钮 ，命令行提示如下：

命令: _fillet
当前设置: 模式 = 修剪，半径 = 0.0000
选择第一个对象或 [放弃(U)/多段线(P)/半径(R)/修剪(T)/多个(M)]: r

        //输入 R 并回车，选择半径选项

指定圆角半径 <0.0000>: 30

        //输入 30 并回车，指定圆角半径为 30

选择第一个对象或 [放弃(U)/多段线(P)/半径(R)/修剪(T)/多个(M)]: m

        //输入 M 并回车，选择 "多个(M)" 选项

选择第一个对象或 [放弃(U)/多段线(P)/半径(R)/修剪(T)/多个(M)]:

        //选择矩形的左端线段

选择第二个对象，或按住 Shift 键选择对象以应用角点或 [半径(R)]:

        //选择矩形的上端线段

选择第一个对象或 [放弃(U)/多段线(P)/半径(R)/修剪(T)/多个(M)]:

        //选择矩形的上端线段

选择第二个对象，或按住 Shift 键选择对象以应用角点或 [半径(R)]:

        //选择矩形的右端线段

选择第一个对象或 [放弃(U)/多段线(P)/半径(R)/修剪(T)/多个(M)]: //回车

（3）单击【修改】面板中的偏移命令按钮 ，命令行提示如下：

命令: _offset
当前设置: 删除源=否 图层=源 OFFSETGAPTYPE=0
指定偏移距离或 [通过(T)/删除(E)/图层(L)] <1.0000>: 50

        //输入偏移距离 50 并回车

选择要偏移的对象，或 [退出(E)/放弃(U)] <退出>:   //选择大矩形
指定要偏移的那一侧上的点，或 [退出(E)/多个(M)/放弃(U)] <退出>:

        //在矩形内部任意一点单击

选择要偏移的对象，或 [退出(E)/放弃(U)] <退出>:   //回车

（4）单击【绘图】面板中的直线命令按钮 ，命令行提示如下：

命令: _line 指定第一点: 40

        //沿小矩形左下角点 A（图 4-13）垂直向上极轴方向输入距离 40

指定下一点或 [放弃(U)]:   //沿水平向右方向捕捉与小矩形的交点
指定下一点或 [放弃(U)]:   //回车

（5）单击【绘图】面板中的图案填充命令按钮 ，根据命令行提示输入 "T" 并回车，选择 "设置" 选项，弹出【图案填充和渐变色】对话框，如图 4-11 所示。在【类型和图案】选项区域中，单击【图案】下拉列表框右侧的 按钮，弹出【填充图案选项板】对话框，如图 4-12 所示。单击【ANSI】标签，选择【ANSI】选项卡，从中选择 "ANSI31" 填充类型。单击【确定】按钮，回到【图案填充和渐变色】对话框。在【角度和比例】选项区域中，将【比例】下拉列表框的值设为 5。单击【边界】选项区域的拾取点按钮 ，进入绘图区域，在将要填充图案的封闭图形的内部任意一点单击，单击右键选择【确定】选项。

图 4-11 【图案填充和渐变色】对话框

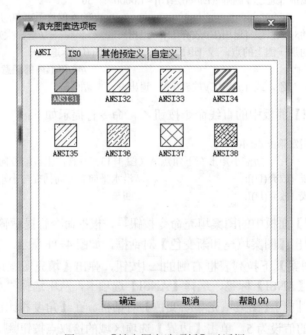

图 4-12 【填充图案选项板】对话框

绘图结果如图 4-13 所示。

5．绘制电视机的下半部分

（1）单击【绘图】面板中的直线命令按钮 ✐，命令行提示如下：

命令：_line 指定第一点: 50	//沿 B 点（图 4-14）水平向右方向追踪距离为 50 的 C 点
指定下一点或 [放弃(U)]: 130	//沿垂直向下方向输入距离 130 并回车
指定下一点或 [放弃(U)]: 736	//沿水平向右方向输入距离 736 并回车
指定下一点或 [闭合(C)/放弃(U)]:	//沿垂直向上方向捕捉与大矩形的交点
指定下一点或 [闭合(C)/放弃(U)]:	//回车
命令：	//回车，输入上一次直线命令
LINE 指定第一点: 30	//沿 C 点水平向右方向追踪距离为 30 的 D 点
指定下一点或 [放弃(U)]: 100	//沿垂直向下方向输入距离 100 并回车
指定下一点或 [放弃(U)]: 676	//沿水平向右方向输入距离 676 并回车
指定下一点或 [闭合(C)/放弃(U)]:	//沿垂直向上方向捕捉与大矩形的交点
指定下一点或 [闭合(C)/放弃(U)]:	//回车
命令：	//回车，输入上一次直线命令
LINE 指定第一点: 200	//沿 D 点水平向右方向追踪距离为 200 的 E 点
指定下一点或 [放弃(U)]:	//沿垂直向下方向捕捉交点
指定下一点或 [放弃(U)]:	//回车
命令：	//回车，输入上一次直线命令
LINE 指定第一点: 276	//沿 E 点水平向右方向追踪距离为 276 的 F 点
指定下一点或 [放弃(U)]:	//沿垂直向下方向捕捉交点
指定下一点或 [放弃(U)]:	//回车

绘图结果如图 4-14 所示。

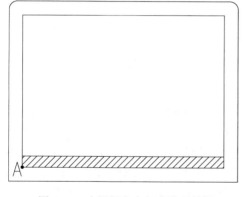

图 4-13　电视机上半部分绘制结果

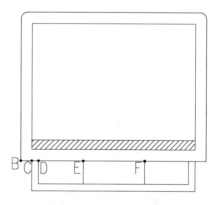

图 4-14　直线绘制结果

（2）单击【绘图】面板中的矩形命令按钮 ▭，命令行提示如下：

命令：_rectang
指定第一个角点或 [倒角(C)/标高(E)/圆角(F)/厚度(T)/宽度(W)]: _from 基点：<偏移>:
@40,-40　　　　　　　　　　//按住 Shift 键并单击右键，弹出对象捕捉快捷菜单选择"自"选
项，如图 4-15 所示，捕捉 E 点作为基点，输入相对坐标"@40,-40"并回车
　指定另一个角点或 [面积(A)/尺寸(D)/旋转(R)]: d
　　　　　　　　　　　　　　//输入 D 并回车，选择"尺寸(D)"选项

指定矩形的长度 <10.0000>: 196 　　　　　　//输入矩形长度 196 并回车
指定矩形的宽度 <10.0000>: 30 　　　　　　　//输入矩形宽度 30 并回车
指定另一个角点或 [面积(A)/尺寸(D)/旋转(R)]: 　　//确定矩形方向

绘图结果如图 4-16 所示。

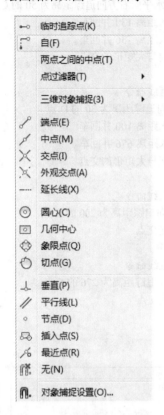

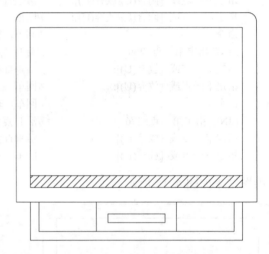

图 4-15　对象捕捉快捷菜单　　　　　　　图 4-16　矩形绘制结果

（3）填充图案。

单击【绘图】面板中的图案填充命令按钮，根据命令行提示输入"T"并回车，选择"设置"选项，弹出【图案填充和渐变色】对话框。在【类型和图案】选项区域中，单击【图案】下拉列表框右侧的按钮，弹出【填充图案选项板】对话框。单击【ANSI】标签，选择【ANSI】选项卡，从中选择"ANSI37"填充类型。单击【确定】按钮，回到【图案填充和渐变色】对话框。在【角度和比例】选项区域中，将【比例】下拉列表框的值设为 5。单击【边界】选项区域的拾取点按钮，进入绘图区域，在将要填充图案的封闭图形的内部任意一点单击，单击右键选择【确定】选项。

绘图结果如图 4-17 所示。

实例小结：本实例主要讲解"捕捉自"捕捉方式的使用方法。捕捉模式分为两种形式，通过【草图设置】对话框中的【对象捕捉】选项卡设置的对象捕捉模式为运行捕捉模式，即始终处于运行状态，直到关闭为止；按住键盘上的 Shift 或 Ctrl 键并右击，从弹出的快捷菜单中选择需要的对象捕捉方式，称为覆盖捕捉模式，这种模式仅对本次捕捉操作有效。

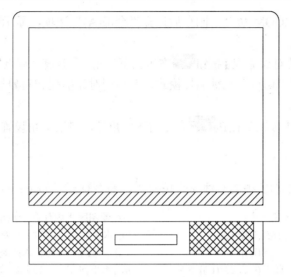

图 4-17 填充结果

4.4 绘制洗手盆平面图

本实例综合应用直线命令、椭圆命令、偏移命令、圆角命令和打断命令,并运用多种对象捕捉模式,绘图结果如图 4-18 所示。

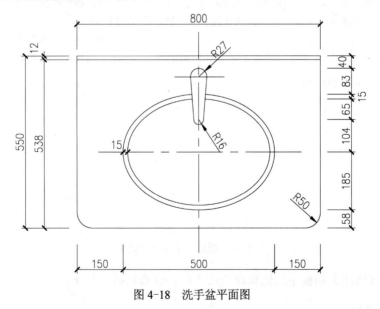

图 4-18 洗手盆平面图

步骤如下。

1. 设置绘图界限

单击下拉菜单栏中的【格式】|【图形界限】命令,根据命令行提示指定左下角点为原点,右上角点为"1 500,1 500"。

在命令行中输入 ZOOM 命令，回车后选择"全部(A)"选项，显示图形界限。

2．设置捕捉模式

单击状态栏中的【对象捕捉】按钮■▼右侧的下三角号，选择"端点""中点""圆心""象限点""交点""范围""切点"七种捕捉模式，并启用对象捕捉和对象捕捉追踪功能。

3．设置极轴追踪

单击状态栏中的【极轴】按钮●▼右侧的下三角号，将增量角设置为90，并启用极轴追踪功能。

4．绘制外轮廓

（1）单击【绘图】面板中的直线命令按钮，命令行提示如下：

```
命令: _line 指定第一点:                    //在绘图区之内任意一点单击
指定下一点或 [放弃(U)]: 800                //沿水平向右方向输入距离 800 并回车
指定下一点或 [放弃(U)]: 550                //沿垂直向上方向输入距离 550 并回车
指定下一点或 [闭合(C)/放弃(U)]: 800        //沿水平向左方向输入距离 800 并回车
指定下一点或 [闭合(C)/放弃(U)]: c          //输入 C 并回车，选择"闭合(C)"选项
```

（2）单击【修改】面板中的偏移命令按钮，命令行提示如下：

```
命令: _offset
当前设置: 删除源=否    图层=源   OFFSETGAPTYPE=0
指定偏移距离或 [通过(T)/删除(E)/图层(L)] <1.0000>:   12
                                          //输入偏移距离 12 并回车
选择要偏移的对象，或 [退出(E)/放弃(U)] <退出>:    //选择矩形的上边
指定要偏移的那一侧上的点，或 [退出(E)/多个(M)/放弃(U)] <退出>:
                                          //在矩形的内部任意一点单击
选择要偏移的对象，或 [退出(E)/放弃(U)] <退出>:    //回车，结束命令
```

绘图结果如图 4-19 所示。

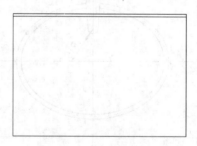

图 4-19　矩形及偏移命令结果

（3）单击【修改】面板中的圆角命令按钮，命令行提示如下：

```
命令: _fillet
当前设置: 模式 = 修剪，半径 = 0.0000
选择第一个对象或 [放弃(U)/多段线(P)/半径(R)/修剪(T)/多个(M)]: r
                          //输入 R 并回车，选择"半径(R)"选项
指定圆角半径 <0.0000>: 50                  //输入 50 并回车
选择第一个对象或 [放弃(U)/多段线(P)/半径(R)/修剪(T)/多个(M)]: m
```

//输入 M 并回车，选择"多个(M)"选项

　　选择第一个对象或 [放弃(U)/多段线(P)/半径(R)/修剪(T)/多个(M)]:

//选择线段 1（图 4-20）

　　选择第二个对象，或按住 Shift 键选择对象以应用角点或 [半径(R)]:

//选择线段 2（图 4-20）

　　选择第一个对象或 [放弃(U)/多段线(P)/半径(R)/修剪(T)/多个(M)]:

//选择线段 2（图 4-20）

　　选择第二个对象，或按住 Shift 键选择对象以应用角点或 [半径(R)]:

//选择线段 3（图 4-20）

　　选择第一个对象或 [放弃(U)/多段线(P)/半径(R)/修剪(T)/多个(M)]: 　　//回车

结果如图 4-20 所示。

图 4-20　圆角命令结果

5．绘制内部结构

1）绘制大椭圆

　　单击【绘图】面板椭圆命令按钮右侧的下三角号，选择【轴，端点】选项，命令行提示如下：

　　命令: _ellipse

　　指定椭圆的轴端点或 [圆弧(A)/中心点(C)]: 110

//如图 4-21 所示，沿中点向下追踪距离为 110

　　指定轴的另一个端点: 370　　　　　　　//沿垂直向下方向输入距离 370 并回车

　　指定另一条半轴长度或 [旋转(R)]: 250　　//输入另一条半轴长度 250 并回车

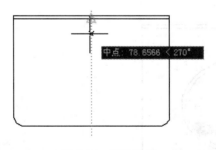

图 4-21　追踪结果

2）偏移复制小椭圆

　　单击【修改】面板中的偏移命令按钮，命令行提示如下：

　　命令: _offset

当前设置: 删除源=否　图层=源　OFFSETGAPTYPE=0

指定偏移距离或 [通过(T)/删除(E)/图层(L)] <12.0000>: 15

                                           //输入偏移距离 15 并回车

选择要偏移的对象，或 [退出(E)/放弃(U)] <退出>:   //选择椭圆

指定要偏移的那一侧上的点，或 [退出(E)/多个(M)/放弃(U)] <退出>:

                                           //在椭圆内部任意一点单击

选择要偏移的对象，或 [退出(E)/放弃(U)] <退出>:   //回车

结果如图 4-22 所示。

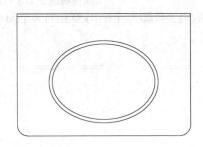

图 4-22　椭圆偏移结果

3）绘制中心线

（1）单击下拉菜单栏中的【格式】|【线型】命令，弹出【线型管理器】对话框。单击【加载】按钮，弹出【加载或重载线型】对话框。从【可用线型】列表框中选择"CENTER2"线型，单击【确定】按钮，返回【线型管理器】对话框。选择"CENTER2"线型，单击【当前】按钮，将"CENTER2"线型设置为当前线型。【全局比例因子】文本框的值设为 8，单击【确定】按钮。

（2）单击【绘图】面板中的直线命令按钮✏，命令行提示如下：

命令: _line 指定第一点:

                      //从大椭圆左侧象限点向左追踪到合适位置单击，如图 4-23 所示

指定下一点或 [放弃(U)]:   //在大椭圆右侧适当位置单击

指定下一点或 [放弃(U)]:   //回车

绘制结果如图 4-24 所示。

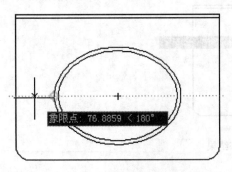

图 4-23　大椭圆象限点追踪

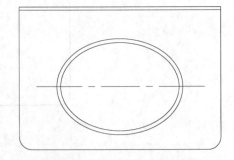

图 4-24　水平线绘制结果

单击【绘图】面板中的直线命令按钮✏，命令行提示如下：

命令: _line 指定第一点: //如图 4-25 所示，中点向下追踪至适当位置单击
指定下一点或 [放弃(U)]:   //在垂直向上方向适当位置单击
指定下一点或 [放弃(U)]:   //回车

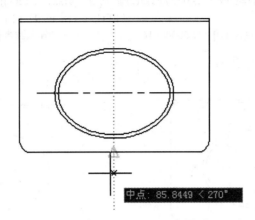

图 4-25 中点追踪图

结果如图 4-26 所示。

命令: _line 指定第一点: 55   //由 A 点向下追踪间距为 55 的位置单击
指定下一点或 [放弃(U)]:   //沿水平向左方向适当位置单击
指定下一点或 [放弃(U)]:   //沿水平向右方向适当位置单击
指定下一点或 [闭合(C)/放弃(U)]:   //回车

结果如图 4-27 所示。

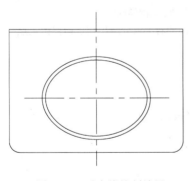

图 4-26 垂直线绘制结果

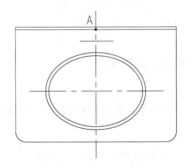

图 4-27 中心线绘制结果

4）绘制其余图形

（1）绘制圆。

单击【绘图】面板中圆命令按钮下侧的下三角号，选择【圆心、半径】选项，命令行提示如下：

命令: _circle 指定圆的圆心或 [三点(3P)/两点(2P)/ 切点、切点、半径(T)]:
          //捕捉 B 点作为圆心（图 4-28）
指定圆的半径或 [直径(D)]: 27   //输入半径 27 并回车

结果如图 4-28 所示。

命令: //回车，输入上一次的圆命令
CIRCLE 指定圆的圆心或 [三点(3P)/两点(2P)/ 切点、切点、半径(T)]: 104
　　　　　　　　　　　　　　　　　　　　//由 C 点（图 4-29）向上追踪距离为 104
指定圆的半径或 [直径(D)] <27.0000>: 16　　　　　　//输入圆半径 16 并回车

绘图结果如图 4-29 所示。

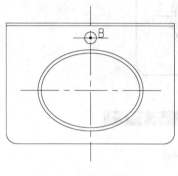
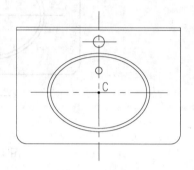

图 4-28　大圆绘制结果　　　　　　　　图 4-29　小圆绘制结果

（2）绘制直线。

单击【绘图】面板中的直线命令按钮 ✏，命令行提示如下：

命令: _line 指定第一点: //捕捉大圆左端象限点
指定下一点或 [放弃(U)]: //在小圆的左半部分运用切点捕捉指定点
指定下一点或 [放弃(U)]: //回车
命令: LINE 指定第一点: //捕捉大圆右端象限点
指定下一点或 [放弃(U)]: //在小圆的右半部分运用切点捕捉指定点
指定下一点或 [放弃(U)]: //回车

结果如图 4-30 所示。

（3）修剪圆。

单击【修改】面板中的修剪命令按钮 ✄，命令行提示如下：

命令: _trim
当前设置:投影=UCS，边=无
选择剪切边...
选择对象或 <全部选择>: 找到 1 个
选择对象: 找到 1 个，总计 2 个 //选择大圆及小圆两端的直线
选择对象: //回车
选择要修剪的对象，或按住 Shift 键选择要延伸的对象，或
[栏选(F)/窗交(C)/投影(P)/边(E)/删除(R)/放弃(U)]: //选择大圆的下半部分
选择要修剪的对象，或按住 Shift 键选择要延伸的对象，或
[栏选(F)/窗交(C)/投影(P)/边(E)/删除(R)/放弃(U)]: //选择小圆的上半部分
选择要修剪的对象，或按住 Shift 键选择要延伸的对象，或
[栏选(F)/窗交(C)/投影(P)/边(E)/删除(R)/放弃(U)]: //回车

结果如图 4-31 所示。

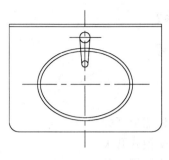

图 4-30 直线绘制结果

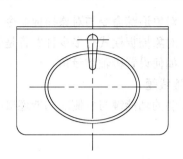

图 4-31 修剪结果

（4）打断椭圆。

单击【修改】面板中的打断命令按钮┗┛，命令行提示如下：

```
命令: _break
选择对象:                                      //选择大椭圆
指定第二个打断点 或 [第一点(F)]: f             //输入 F 并回车，选择"第一点(F)"选项
指定第一个打断点:                              //捕捉 D 点
指定第二个打断点:                              //捕捉 E 点
命令:  BREAK
选择对象:                                      //回车，输入打断命令
指定第二个打断点 或 [第一点(F)]: f             //输入 F 并回车，选择"第一点(F)"选项
指定第一个打断点:                              //捕捉 F 点
指定第二个打断点:                              //捕捉 G 点
```

结果如图 4-32 所示。

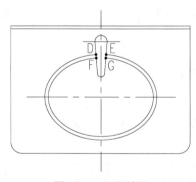

图 4-32 打断结果

实例小结：本实例综合运用了直线命令、椭圆命令、圆命令等二维基本绘图命令，以及圆角命令、偏移命令和打断命令等二维图形编辑命令。绘制内部结构时，应先绘制出中心线，中心线采用 CENTER2 线型。

4.5　思考与练习

1. 思考题

（1）正交命令与极轴命令的区别是什么？

（2）对象追踪命令与对象捕捉命令有什么紧密联系？

（3）对象捕捉模式有多少种？各是什么？

（4）如何设置极轴增量角？

2. 连线题

将左侧的功能键与右侧的功能连接起来。

F2　　　　　　　　　　　　　　　　　　对象捕捉开关

F3　　　　　　　　　　　　　　　　　　正交模式开关

F8　　　　　　　　　　　　　　　　　　对象捕捉追踪开关

F10　　　　　　　　　　　　　　　　　　极轴开关

F11　　　　　　　　　　　　　　　　　　文本窗口开关

ESC　　　　　　　　　　　　　　　　　　重复上一次命令

ENTER（在"命令:"提示下）　　　　　　退出命令

3. 选择题

（1）在（　　　）情况下，可以直接输入距离值。

　　　A．打开对象捕捉　　　　　　　　　B．打开对象追踪

　　　C．打开极轴　　　　　　　　　　　D．以上同时打开

（2）单击键盘上的 F10 键可以打开或关闭（　　　）功能。

　　　A．正交　　　　　B．极轴　　　　　C．对象捕捉　　　　　D．对象追踪

（3）正交功能和极轴功能（　　　）同时使用。

　　　A．可以　　　　　　　　　　　　　B．不可以

（4）当光标只能在水平和垂直方向移动时，是在执行（　　　）命令。

　　　A．正交　　　　　B．极轴　　　　　C．对象捕捉　　　　　D．对象追踪

4. 绘图题

绘制下列各图。

（1）图 4-33 所示的拼花图案。

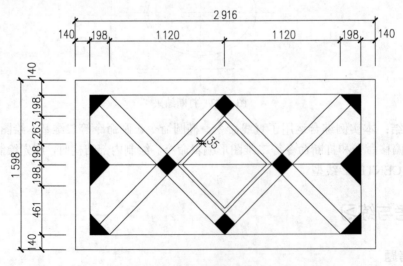

图 4-33　拼花图案

（2）桌子立面图，如图 4-34 所示。

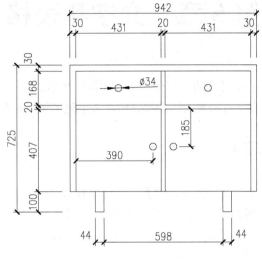

图 4-34　桌子立面图

（3）门立面图，如图 4-35 所示。

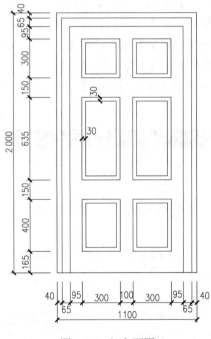

图 4-35　门立面图

第5章　文字和表格

文字在工程图纸中是必不可少的一部分，如尺寸标注文本、标题栏、装饰材料说明、房间功能的标注等都需要创建文字对象来表达图纸意图，文字对象和图形对象一起构成工程图纸。

5.1　创建文字样式实例

本实例要求创建"汉字"文字样式和"数字"文字样式。"汉字"样式采用"仿宋"字体，不设定字体高度，宽度比例为 0.8，用于书写标题栏、设计说明等部分的汉字；"数字"样式采用"Simplex.shx"字体，不设定字体高度，宽度比例为 0.8，用于标注尺寸等。

步骤如下。

1. 设置"汉字"文字样式

单击【注释】面板中的文字样式命令按钮 ， 弹出【文字样式】对话框。单击【新建】按钮，弹出【新建文字样式】对话框，如图 5-1 所示，在【样式名】文本框中输入新样式名"汉字"，单击【确定】按钮，返回【文字样式】对话框。从【字体名】下拉列表框中选择"仿宋"字体，【宽度比例】文本框设置为 0.8，【高度】文本框保留默认的值 0，如图 5-2 所示，单击【应用】按钮。

图 5-1　【新建文字样式】对话框

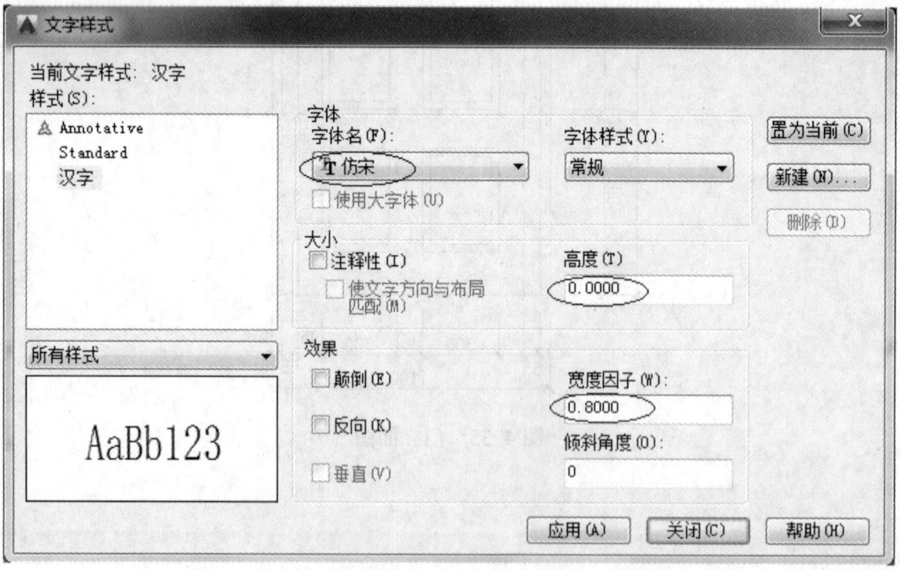

图 5-2　"汉字"文字样式

2．设置"数字"文字样式

在【文字样式】对话框中，单击【新建】按钮，弹出【新建文字样式】对话框，在【样式名】文本框中输入新样式名"数字"，单击【确定】按钮，返回【文字样式】对话框。从【字体名】下拉列表框中选择"Simplex.shx"字体，【宽度比例】文本框设置为 0.8，【高度】文本框保留默认的值 0，单击【应用】按钮，单击【关闭】按钮。

实例小结： 本实例创建两个文字样式，即"汉字"样式和"数字"样式。这是工程制图中常用的两种文字样式。

5.2　单行文字标注实例

本实例要求创建如图 5-3 所示的单行文字，文字的样式为"汉字"样式，字高为 50。步骤如下。

1．设置"汉字"样式为当前文字样式

单击【注释】面板中文字样式命令按钮　右侧的下三角号，选择汉字文字样式，如图 5-4 所示，将"汉字"样式设置为当前文字样式。

某学校住宅楼平面图

图 5-3　单行文字标注实例　　　　　　　　图 5-4　设置当前文字样式

2．创建单行文字

单击【注释】面板中多行文字命令　下侧的下三角号，选择单行文字命令，命令行提示如下：

```
命令: _text
当前文字样式: "汉字"　文字高度: 2.5000　注释性: 否　对正: 左
指定文字的起点或 [对正(J)/样式(S)]:　　　　//在绘图区内任意一点单击
指定高度 <2.5000>: 50　　　　　　　　　　//输入文字高度 50 并回车
指定文字的旋转角度 <0>:　　　　　　　　//回车，取默认的旋转角度 0
```

此时，绘图区将进入文字编辑状态，输入文字"某学校住宅楼平面图"，回车换行，再一次回车结束命令即可。

注意： 在绘图过程中，经常会用到一些特殊的符号，如直径符号、正负公差符号、度符号等，对于这些特殊的符号，AutoCAD 提供了相应的控制符来实现其输出功能，如表 5-1 所示。

表 5-1　常用控制符

控　制　符	功　　能
%%O	打开或关闭文字上划线
%%U	打开或关闭文字下划线
%%D	度（°）符号
%%P	正负公差（±）符号
%%C	圆直径（￠）符号

实例小结：单行文字用来创建内容比较简短的文字对象，如图名、门窗标号等。如果当前使用的文字样式将文字的高度设置为 0，命令行将显示"指定高度："的提示信息；如果文字样式中已经指定文字的固定高度，则命令行不显示该提示信息，使用文字样式中设置的文字高度。在命令行输入 DDEDIT，可以对单行文字或多行文字的内容进行编辑。

5.3　图纸设计说明标注实例

本实例主要应用多行文字命令创建图纸设计说明，如图 5-5 所示。

设计说明

1. 本建筑物设计标高±0.000，相当于绝对标高24.870。
2. 本图纸尺寸均以毫米为单位，标高以米为单位。
3. 所有内门均为框安装。
4. 阁楼C轴，纵墙外贴EPS板60厚。

图 5-5　图纸设计说明

步骤如下。

单击【注释】面板中文字命令 A 下侧的下三角号 文字，选择多行文字命令 A 多行文字，命令行提示如下：

```
命令:_mtext
当前文字样式:" Standard"　文字高度: 50　注释性: 否
指定第一角点:　　　　　　　　　　　//指定矩形框的第一角点
指定对角点或 [高度(H)/对正(J)/行距(L)/旋转(R)/样式(S)/宽度(W) /栏(C)]:
　　　　　　　　//指定矩形框的另一角点，弹出【文字编辑器】工具栏和文字窗口
```

在【文字编辑器】工具栏中，选择"汉字"文字样式，文字高度设置为 50。在文字窗口中输入相应的设计说明文字，如图 5-6 所示，单击【关闭文字编辑器】按钮。

实例小结：多行文字命令用来创建内容较多、较复杂的多行文字，无论创建的多行文字包含多少行，AutoCAD 都将其作为一个单独的对象操作。多行文字可以包含不同高度的字符。要使用堆叠文字，文字中必须包含插入符（^）、正向斜杠（/）或磅符号（#）。选中要进行堆叠的文字，单击鼠标右键，然后在快捷菜单中单击"堆叠"，即可将堆叠字符左侧的文字堆叠在右侧的文字之上。选中堆叠文字，单击鼠标右键，选择"堆叠特性"，弹出【堆叠特性】对

话框。"文字"选项可以分别编辑上面和下面的文字,"外观"选项控制堆叠文字的堆叠样式、位置和大小。

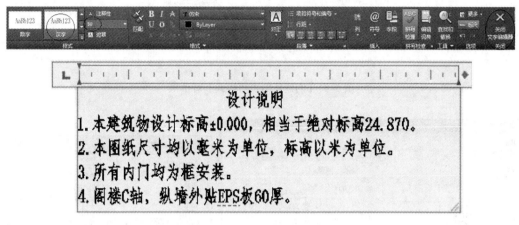

图 5-6 【文字编辑器】工具栏和文字窗口内容

5.4 绘制门窗统计表

以门窗统计表为例,讲解表格样式的创建方法,以及表格的创建与编辑等。绘图结果如图 5-7 所示。

门窗统计表			
序 号	设计编号	规 格	数
1	M-1	1 300×2 000	4
2	M-2	1 000×2 100	30
3	C-1	2 400×1 700	10
4	C-2	1 800×1 700	40

图 5-7 门窗统计表

步骤如下。

1. 新建表格样式

单击【注释】面板中的表格样式按钮,弹出【表格样式】对话框。单击【新建】按钮,弹出【创建新的表格样式】对话框,在【新样式名】文本框中输入"表格样式 1",如图 5-8 所示,单击【继续】按钮,进入【新建表格样式:表格样式 1】对话框,如图 5-9 所示。设置【常规】区域中表格方向为"向下"。选择【单元样式】区域中的【数据】选项,设置【常规】选项卡中的对齐方式为"正中",类型为"标签"(如图 5-9 所示)。单击格式后的,弹出【表格单元格式】对话框,设置数据类型为【文字】,如图 5-10 所示,单击【确定】按钮。激活【文字】选项卡,将【文字样式】设置为"汉字"样式,【文字高度】设置为 30,如图 5-11 所示。

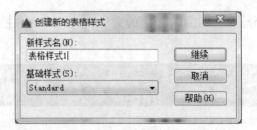

图 5-8 【创建新的表格样式】对话框

图 5-9 【新建表格样式：表格样式 1】对话框

图 5-10 【表格单元格式】对话框

图 5-11 【数据】选项的【文字】选项卡

　　同样，选择【单元样式】区域中的【表头】选项，设置【常规】选项卡中的对齐方式为"正中"，类型为"标签"。单击格式后的，弹出【表格单元格式】对话框，设置数据类型为【文字】，单击【确定】按钮。设置【文字】选项卡中的【文字样式】为"汉字"样式，【文字高度】为 30（如图 5-12 所示）。

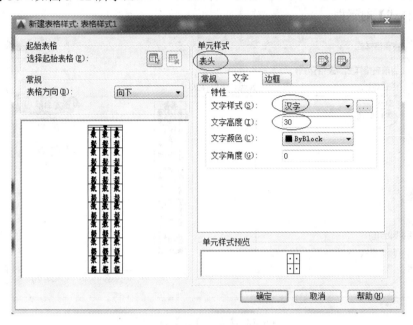

图 5-12　【表头】选项的【文字】选项卡

选择【单元样式】区域中的【标题】选项，设置【常规】选项卡中的对齐方式为"正中"，类型为"标签"。单击格式后的□□，弹出【表格单元格式】对话框，设置数据类型为【文字】，单击【确定】按钮。设置【文字】选项卡中的【文字样式】为"汉字"样式，【文字高度】为 35（如图 5-13 所示）。

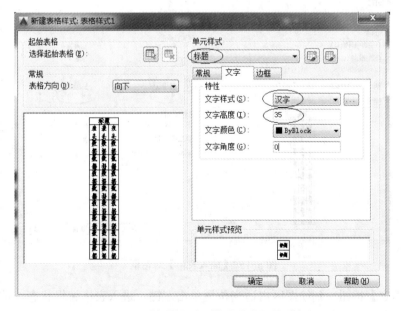

图 5-13　【标题】选项的【文字】选项卡

单击【确定】按钮，返回【表格样式】对话框，如图 5-14 所示。从【样式】列表框中选择"表格样式 1"，单击【置为当前】按钮，将该表格样式置为当前样式。单击【关闭】按钮关闭【表格样式】对话框。

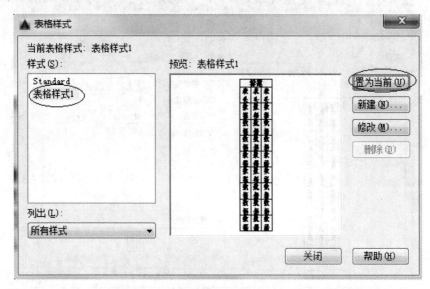

图 5-14 　【表格样式】对话框

2．绘制表格

单击【注释】面板中的表格命令按钮，弹出【插入表格】对话框。设置列数为 4，列宽为 300，数据行数为 4，行高为 2，如图 5-15 所示。

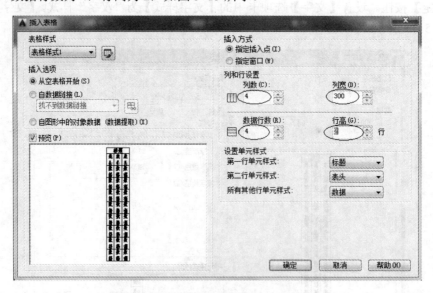

图 5-15 　【插入表格】对话框

单击【确定】按钮，到绘图区内适当位置单击左键，进入表格编辑状态，按照表格内容输入文字，单击【确定】按钮即可，结果如图 5-7 所示。

　　注意：当选中整个表格时，会出现许多蓝色的夹点，拖动夹点就可以调整表格的行宽和列宽。选中整个表格并单击鼠标右键，会弹出对整个表格编辑的快捷菜单，如图 5-16 所示，可以对整个表格进行复制、粘贴、均匀调整行大小及列大小等操作。当选中某个或某几个表格单元时，单击右键可弹出如图 5-17 所示的快捷菜单，可以进行插入行或列、删除行或列、删除单元内容、合并及拆分单元等操作。

　　实例小结：本实例讲解表格及表格样式的使用方法。系统默认的"Standard"表格样式中的数据采用"Standard"文字样式，该文字样式默认的字体为"宋体"。

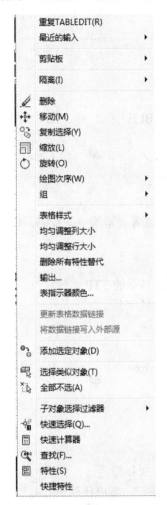

图 5-16　整个表格编辑快捷菜单

图 5-17　单元表格编辑快捷菜单

5.5　思考与练习

1．思考题

（1）单行文字命令和多行文字命令有什么区别？各适用于什么情况？

（2）如何创建新的文字样式？

（3）如何创建新的表格样式？

（4）表格中的单元格能否合并？如何操作？

（5）如何创建新的表格？

2．连线题

将左侧的命令与右侧的功能连接起来。

TEXT　　　　　　　　　　　　创建多行文字

MTEXT　　　　　　　　　　　创建表格对象

STYLE　　　　　　　　　　　 编辑文字内容

DDEDIT　　　　　　　　　　 创建单行文字

TABLE　　　　　　　　　　　创建文字样式

3．选择题

（1）（　　　）命令是多行文字命令。

　　　A．TEXT　　　　　B．MTEXT　　　　　C．TABLE　　　　　D．STYLE

（2）（　　　）控制符表示正负公差符号。

　　　A．%%P　　　　　B．%%D　　　　　C．%%C　　　　　D．%%U

（3）表格样式中的"标题"（　　　）设置在表格的下方。

　　　A．可以　　　　　　　　　　　　　B．不可以

（4）中文字体有时不能正常显示，它们显示为"？"，或者显示为一些乱码。使中文字体正常显示的方法有（　　　）。

　　　A．选择 AutoCAD 2016 自动安装的 txt.shx 文件

　　　B．选择 AutoCAD 2016 自带的支持中文字体正常显示的 TTF 文件

　　　C．在文本样式对话框中，将字体修改成支持中文的字体

　　　D．拷贝第三方发布的支持中文字体的 SHX 文件

（5）系统默认的 STANDARD 文字样式采用的字体是（　　　）。

　　　A．Simplex.shx　　B．仿宋　　　　　C．txt.shx　　　　　D．宋体

（6）对于 TEXT 命令，下面描述正确的是（　　　）。

　　　A．只能用于创建单行文字

　　　B．可创建多行文字，每一行为一个对象

　　　C．可创建多行文字，所有多行文字为一个对象

　　　D．可创建多行文字，但所有行必须采用相同的样式和颜色

4．创建"数字"文字样式，要求其字体为"Simplex.shx"，宽度比例为 0.8。

5．用 MTEXT 命令标注以下文字，要求字体采用"仿宋"，字高为 50，字体的宽度比例为 0.8。

设计要求：

1. 本工程所有现浇混凝土构件中受力钢筋的混凝土保护层厚度，梁、柱为 25 mm，板厚 100 mm 为 10 mm，板厚 130 mm 为 15 mm。

2. 梁内纵向受力钢筋搭接和接头位置为图中有斜线的部位，每次接头为 25%钢筋总面积，悬臂梁不允许有接头和搭接。

6．创建如图 5-18 所示的图纸目录表格。要求字体采用"仿宋"，字高为 50，字体的宽

度比例为 0.8，其他参数自定。

序　号	图别	图　号	图　名
1	首页	1	图纸目录 门窗统计表
2	首页	2	设计说明
3	建施	1	一层平面图
4	建施	2	二至五层平面图
5	建施	3	正立面图
6	建施	4	背立面图
7	建施	5	剖面图

图 5-18　图纸目录表格

第6章 工程标注

工程标注是工程图纸的重要组成部分，它可以反映图纸的设计尺寸，准确地表达图纸的设计意图。工程标注包括线性标注、对齐标注、半径标注、直径标注、引线标注、坐标标注等。

6.1 标注菜单和标注工具栏

AutoCAD 2016 的标注命令和标注编辑命令都集中在如图 6-1 所示的【标注】菜单和如图 6-2 所示的【标注】工具栏中。利用这些标注命令可以方便地进行各种尺寸标注。

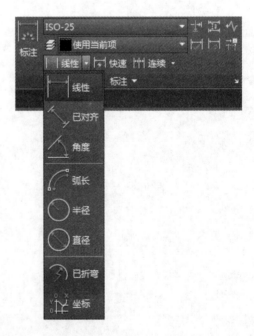

图 6-1 【标注】菜单   图 6-2 【标注】工具栏

6.2　创建"建筑"标注样式

本节以"建筑"标注样式的创建为例讲解标注样式的创建过程，步骤如下。

1．设置"数字"文字样式

激活【默认】选项卡。单击【注释】面板中的文字样式命令按钮 ，弹出【文字样式】
对话框。新建"数字"文字样式，设置其字体为"Simplex.shx"，宽度比例为 0.8。将"数字"
文字样式置为当前。

2．新建"建筑"标注样式

（1）单击下拉菜单栏中的【标注】|【标注样式】命令，也可以单击【注释】面板中的
按钮，或者在命令行输入 DIMSTYLE 或 D，将弹出【标注样式管理器】对话框，如图 6-3
所示。

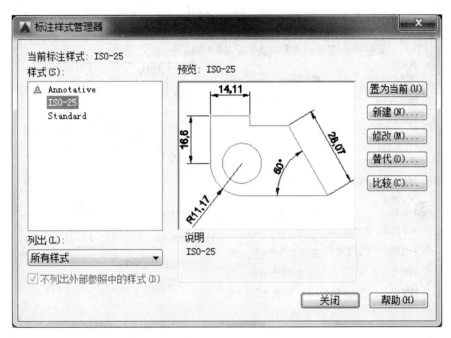

图 6-3　【标注样式管理器】对话框

　　注意：在【样式】列表框中列出了当前文件所设置的所有标注样式，【预览】显示框用来
显示【样式】列表框中所选的尺寸标注样式。【置为当前】按钮可以将【样式】列表框中所选
的尺寸标注样式设置为当前样式，【新建】按钮可新建尺寸标注样式，【修改】按钮可修改当
前选中的尺寸标注样式。

　　（2）单击【新建】按钮，弹出【创建新标注样式】对话框，选择【基础样式】为"ISO-25"，
在【新样式名】文本框中输入"建筑"样式名，如图 6-4 所示。

　　注意：【基础样式】下拉列表框可以选择新建标注样式的模板，新建的标注样式将在基础
样式的基础上进行修改。

　　（3）单击【继续】按钮，将弹出【新建标注样式：建筑】对话框，单击【线】选项卡，
将【尺寸线】选项区域中的【基线间距】值设置为 8，将【尺寸界线】选项区域中的【起点偏

移量】值设置为 3，如图 6-5 所示。

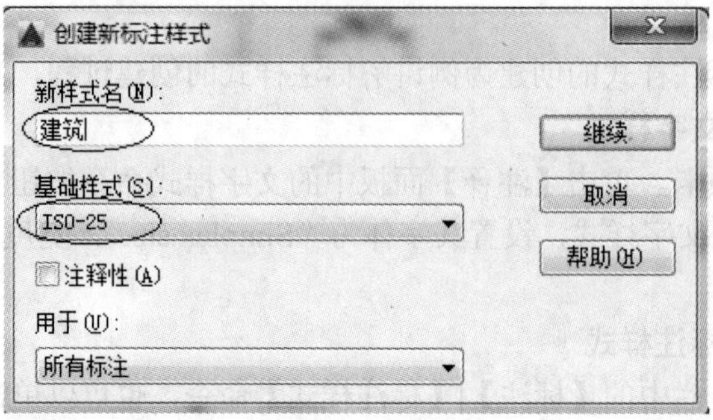

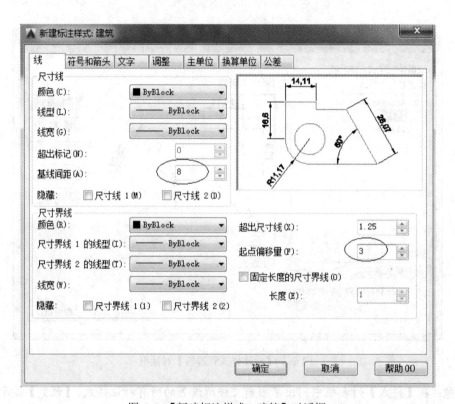

图 6-4 【创建新标注样式】对话框

图 6-5 【新建标注样式：建筑】对话框

注意：【新建标注样式：建筑】对话框包含【线】、【符号和箭头】、【文字】、【调整】、【主单位】、【换算单位】和【公差】七个选项卡。各选项卡的功能及作用如下。

①【线】选项卡：用来设置尺寸线及尺寸界线的格式和位置。

②【符号和箭头】选项卡：用来设置箭头及圆心标记的样式和大小、弧长符号的样式、半径折弯角度等参数。

③【文字】选项卡：用来设置文字的外观、位置、对齐方式等参数。

④【调整】选项卡：用来设置标注特征比例、文字位置等，还可以根据尺寸线的距离设置文字和箭头的位置。

⑤【主单位】选项卡：用来设置主单位的格式和精度。

⑥【换算单位】选项卡：用来设置换算单位的格式和精度。

⑦【公差】选项卡：用来设置公差的格式和精度。

（4）单击【符号和箭头】选项卡，在【箭头】选项区域中，将箭头的格式设置为"建筑标记"，箭头大小设置为 1.5。如图 6-6 所示。

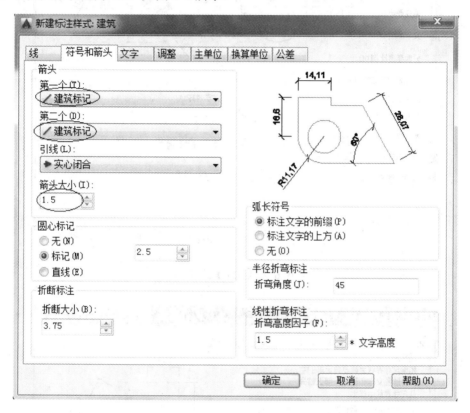

图 6-6 【符号和箭头】选项卡

（5）单击【文字】选项卡，在【文字外观】选项区域中，从【文字样式】下拉列表框中选择"数字"文字样式，【文字高度】文本框设置为 3，如图 6-7 所示。

（6）单击【调整】选项卡，在【文字位置】选项区域中，选择"尺寸线上方，不带引线"单选按钮，如图 6-8 所示。

注意：实际绘图时，需要根据比例调整全局比例。例如：以 1:100 的比例绘图，可将【标注特征比例】选项区域的【使用全局比例】设置为 100，使得打印出的尺寸标注中的各项值等于标注样式管理器对话框中的对应值乘以 100。

（7）单击【主单位】选项卡，将【线性标注】选项区域的【单位格式】设置为"小数"，【精度】设置为"0"，如图 6-9 所示。

（8）单击【确定】按钮，回到【标注样式管理器】对话框，在【样式】列表框中选择"建筑"标注样式，单击【置为当前】按钮，将当前样式设置为"建筑"标注样式，单击【关闭】按钮，完成"建筑"标注样式的设置。

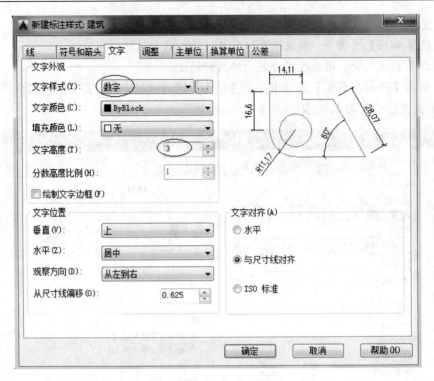

图 6-7 【文字】选项卡

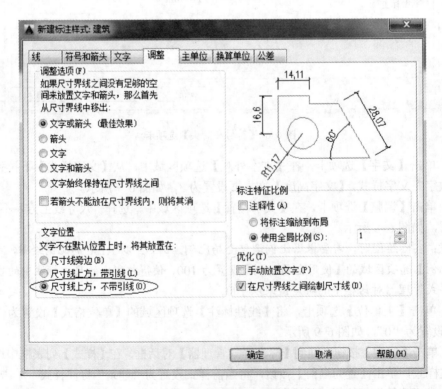

图 6-8 【调整】选项卡

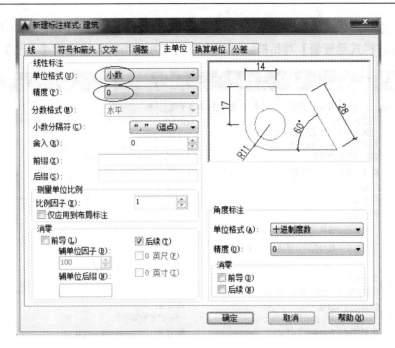

图 6-9 【主单位】选项卡

　　实例小结：本实例主要介绍绘制工程图纸时常用的"建筑"标注样式的设置方法。实际标注时可根据具体情况稍加修改。

6.3 常用标注命令及功能

6.3.1 线性标注

　　线性标注命令可以创建水平尺寸、垂直尺寸及旋转型尺寸标注。

　　例如：标注如图 6-10 所示的矩形尺寸，步骤如下。

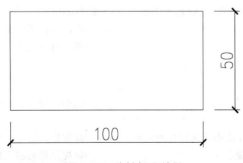

图 6-10 线性标注结果

1. 激活【默认】选项卡

　　单击【注释】面板中的 按钮，弹出【标注样式管理器】对话框，选择"建筑"标注样式，单击【修改】按钮，弹出"修改标注样式：建筑"对话框。单击【调整】选项卡，在【标注特征比例】选项区域中，将"使用全局比例"设置为 2，如图 6-11 所示。单击【确定】按钮，返回【标注样式管理器】对话框。再依次单击【置为当前】按钮和【关闭】按钮。

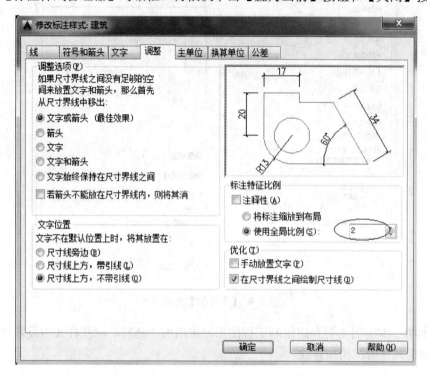

图 6-11　修改"使用全局比例"为 2

2. 标注水平尺寸

激活【注释】选项卡，单击【标注】面板中的线性命令按钮，命令行提示如下：

```
命令: _dimlinear
指定第一条尺寸界线原点或 <选择对象>:        //捕捉矩形的左下角点
指定第二条尺寸界线原点:                      //捕捉矩形的右下角点
指定尺寸线位置或
[多行文字(M)/文字(T)/角度(A)/水平(H)/垂直(V)/旋转(R)]:
                                            //在适当位置单击左键确定尺寸线的位置
标注文字 = 100                               //显示标注尺寸值
```

3. 标注垂直尺寸

```
命令:                                       //回车，输入上一次线性标注命令
DIMLINEAR
指定第一条尺寸界线原点或 <选择对象>:        //捕捉矩形的右下角点
指定第二条尺寸界线原点:                      //捕捉矩形的右上角点
指定尺寸线位置或
[多行文字(M)/文字(T)/角度(A)/水平(H)/垂直(V)/旋转(R)]:
                                            //在适当位置单击左键确定尺寸线的位置
标注文字 = 50                                //显示标注尺寸值
```

6.3.2 对齐标注

对齐标注命令的尺寸线与被标注对象的边保持平行。

例如，标注如图 6-12 所示的边长为 50 的等边三角形的斜边，步骤如下。

（1）设置"建筑"标注样式为当前尺寸标注样式。修改"建筑"标注样式的"使用全局比例"为 2。

（2）单击【标注】面板中 线性 按钮右侧的下三角号，选择对齐命令按钮 对齐，命令行提示如下：

命令: _dimaligned
指定第一条尺寸界线原点或 <选择对象>:　　　//捕捉三角形的右下端点
指定第二条尺寸界线原点:　　　　　　　　　　//捕捉三角形的上端点
指定尺寸线位置或
[多行文字(M)/文字(T)/角度(A)]:　　　　　　//在适当位置单击
标注文字 = 50　　　　　　　　　　　　　　//显示尺寸标注的值

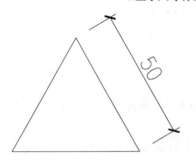

图 6-12　对齐标注结果

6.3.3 半径标注

半径标注命令可以标注圆或圆弧的半径。

例如，标注如图 6-13 所示的圆的半径，步骤如下。

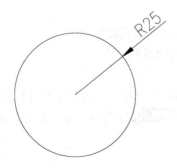

图 6-13　半径标注结果

（1）设置系统默认的"ISO-25"标注样式为当前尺寸标注样式。修改"ISO-25"标注样式的"使用全局比例"为 2。

（2）单击【标注】面板中![线性]按钮右侧的下三角号，选择半径命令按钮![半径]，命令行提示如下：

    命令: _dimradius
    选择圆弧或圆: //选择圆
    标注文字 = 25
    指定尺寸线位置或 [多行文字(M)/文字(T)/角度(A)]:   //在适当位置单击

6.3.4 直径标注

直径标注命令可以标注圆或圆弧的直径。

例如，标注如图 6-14 所示的圆的直径，步骤如下。

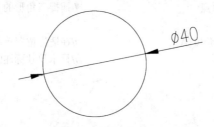

图 6-14　直径标注结果

（1）设置系统默认的"ISO-25"标注样式为当前尺寸标注样式。修改"ISO-25"标注样式的"使用全局比例"为 2。

（2）单击【标注】面板中![线性]按钮右侧的下三角号，选择直径命令按钮![直径]，命令行提示如下：

    命令: _dimdiameter
    选择圆弧或圆: //选择圆
    标注文字 = 40
    指定尺寸线位置或 [多行文字(M)/文字(T)/角度(A)]:   //在适当位置单击

6.3.5 角度标注

角度标注命令可以标注圆弧或两条直线的角度。

例 1：标注如图 6-15 所示的圆弧的角度。

步骤如下。

（1）设置系统默认的"ISO-25"标注样式为当前尺寸标注样式。

（2）单击【标注】面板中![线性]按钮右侧的下三角号，选择角度命令按钮![角度]，命令行提示如下：

    命令: _dimangular
    选择圆弧、圆、直线或 <指定顶点>:   //选择圆弧
    指定标注弧线位置或 [多行文字(M)/文字(T)/角度(A)/象限点(Q)]:
                                          //在适当位置单击

　　　　标注文字 = 120   //显示标注结果

例 2：标注如图 6-16 所示的两条直线的角度。

步骤如下。

（1）设置系统默认的"ISO-25"标注样式为当前尺寸标注样式。

（2）单击【标注】面板中 线性 按钮右侧的下三角号，选择角度命令按钮 △ 角度，命令行
提示如下：

　　　　命令: _dimangular
　　　　选择圆弧、圆、直线或 <指定顶点>:   //选择直线 AB（图 6-16）
　　　　选择第二条直线: //选择直线 AC（图 6-16）
　　　　指定标注弧线位置或 [多行文字(M)/文字(T)/角度(A)/象限点(Q)]:
　　　　　　　　　　　　　　　　　　　　　　　　　　　　　　//在适当位置单击
　　　　标注文字 = 45   //显示标注结果

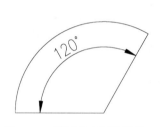

图 6-15　圆弧角度标注结果

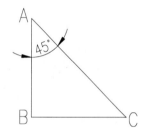

图 6-16　直线夹角标注结果

6.3.6　基线标注

　　基线标注命令可以创建一系列由相同的标注原点测量出来的标注。各个尺寸标注具有相
同的第一条尺寸界线。基线标注命令在使用前，必须先创建一个线性标注、角度标注或坐标
标注作为基准标注。

　　例如：标注如图 6-17 所示的基线尺寸标注。

　　步骤如下。

（1）设置"建筑"标注样式为当前尺寸标注样式。

（2）线性标注。

单击【标注】面板中的线性命令按钮 ，命令行提示如下：

　　　　命令: _dimlinear
　　　　指定第一条尺寸界线原点或 <选择对象>:   //捕捉 A 点（图 6-17）
　　　　指定第二条尺寸界线原点: //捕捉 B 点（图 6-17）
　　　　指定尺寸线位置或
　　　　[多行文字(M)/文字(T)/角度(A)/水平(H)/垂直(V)/旋转(R)]: //在适当位置单击
　　　　标注文字 = 30   //显示标注结果

（3）基线标注。

单击【标注】面板中连续命令按钮 连续 右侧的下三角号，选择基线命令按钮 基线，命

令行提示如下：

命令：_dimbaseline
指定第二条尺寸界线原点或 [放弃(U)/选择(S)] <选择>：   //捕捉 C 点（图 6-17）
标注文字 = 60
指定第二条尺寸界线原点或 [放弃(U)/选择(S)] <选择>：   //捕捉 D 点（图 6-17）
标注文字 = 90
指定第二条尺寸界线原点或 [放弃(U)/选择(S)] <选择>：   //回车
选择基准标注：   //回车

结果如图 6-17 所示。

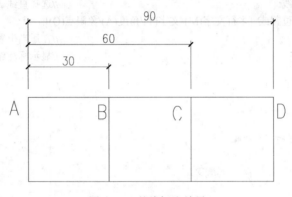

图 6-17　基线标注结果

注意：

① 基线标注命令各选项含义如下：

● 放弃(U)：表示取消前一次基线标注尺寸。

● 选择(S)：该选项可以重新选择基线标注的基准标注。

② 各个基线标注尺寸的尺寸线之间的间距可以在如图 6-5 所示的尺寸标注样式中设置，在【线】选项卡的【尺寸线】选项区域中，【基线间距】的值即为基线标注各尺寸线之间的间距值。

6.3.7　连续标注

连续标注命令可以创建一系列端对端的尺寸标注，后一个尺寸标注把前一个尺寸标注的第二个尺寸界线作为它的第一个尺寸界线。与基线标注命令一样，连续标注命令在使用前，也得先创建一个线性标注、角度标注或坐标标注作为基准标注。

例如，标注如图 6-18 所示的连续尺寸标注。

步骤如下。

（1）设置"建筑"标注样式为当前尺寸标注样式。

（2）运用线性标注命令标注图 6-18 中的 A 点和 B 点之间的尺寸，两条尺寸界线原点分别为 A 点和 B 点，标注文字为 30。

（3）连续标注。

单击【标注】面板中的连续命令按钮 连续，命令行提示如下：

命令: _dimcontinue

指定第二条尺寸界线原点或 [放弃(U)/选择(S)] <选择>: //捕捉 C 点（图 6-18）

标注文字 = 30

指定第二条尺寸界线原点或 [放弃(U)/选择(S)] <选择>: //捕捉 D 点（图 6-18）

标注文字 = 30

指定第二条尺寸界线原点或 [放弃(U)/选择(S)] <选择>: //回车

选择连续标注: //回车

结果如图 6-18 所示。

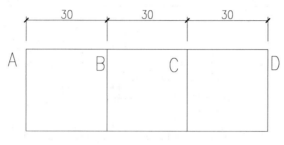

图 6-18 连续标注结果

6.4 思考与练习

1．思考题

（1）如何新建尺寸标注样式？

（2）标注样式中的全局比例有什么作用？

（3）线性标注和对齐标注有何区别？

（4）基线标注和连续标注有何区别？

2．选择题

（1）设置标注样式的命令是（ ）。

    A．DIMSTYLE   B．STYLE

    C．TABLESTYLE   D．MTEXT

（2）基线标注和连续标注的共同点是（ ）。

    A．都可以创建一系列由相同的标注原点测量出来的标注

    B．都可以创建一系列端对端的尺寸标注

    C．在使用前都得先创建一个线性标注、角度标注或坐标标注作为基准标注

    D．各个尺寸标注具有相同的第一条尺寸界线

（3）下列各图中的尺寸标注不能由线性标注命令完成的是（ ）。

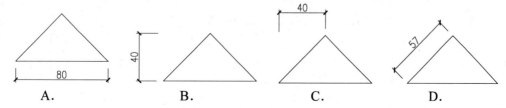

（4）基线标注尺寸的尺寸线之间的间距（　　　）进行调整。

    A．可以　　　　　　　　　　　　　　B．不可以

（5）角度标注命令可以标注（　　　）的角度。

    A．圆弧　　　　　　　　　　　　　　B．两条直线

    C．圆上的某段圆弧　　　　　　　　D．以上均可

3．绘图题

绘制如图 6-19 所示的衣柜立面图并标注尺寸。

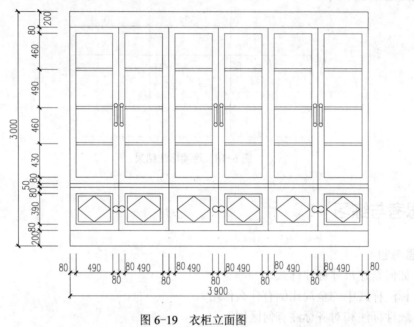

图 6-19　衣柜立面图

第 7 章 样 板 文 件

AutoCAD 2016 软件提供了许多样板图文件，但由于是美国 Autodesk 公司开发的，其中的样板图都不符合我们国家的标准，因而需要建立样板图。

7.1 相关知识

1. 国标规定

根据国标（GB/T50001—2010）中的规定，建筑工程图纸的幅面及图框尺寸应符合表 7-1 的规定。

表 7-1 图纸幅面及图框尺寸

尺寸代号＼幅面代号	A0	A1	A2	A3	A4
$b \times l$	841×1 189	594×841	420×594	297×420	210×297
c	10			5	
a	25				

图纸的短边一般不应加长，长边可加长，但应符合表 7-2 的规定。

表 7-2 图纸长边加长尺寸

幅面代号	长边尺寸/mm	长边加长后尺寸/mm
A0	1 189	1 486 1 635 1 783 1 932 2 080 2 230 2 378
A1	841	1 051 1 261 1 471 1 682 1 892 2 102
A2	594	743 891 1 041 1 189 1 338 1 486 1 635 1 783 1 932 2 080
A3	420	630 841 1 051 1 261 1 471 1 682 1 892

注：有特殊需要的图纸，可采用 $b \times l$ 为 841 mm×891 mm 与 1 189 mm×1 261 mm 的幅面。

图纸以短边作为垂直边称为横式，以短边作为水平边称为立式。一般 A0～A3 图纸宜横式使用，必要时，也可立式使用。

2. 图框线

图框格式如图 7-1 所示。图框线和标题栏线的宽度，可根据图纸幅面的大小参照表 7-3 选用。

表 7-3 图框线和标题栏线的宽度   mm

图纸幅面	图框线	图标外框线	图标内框线
A0、A1	1.4	0.7	0.35
A2、A3、A4	1.0	0.7	0.35

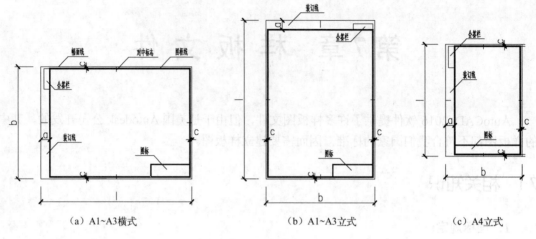

（a）A1~A3横式　　　　　　　　　（b）A1~A3立式　　　　　　　　（c）A4立式

图 7-1　图框格式

7.2　建立样板图

用 AutoCAD 绘图时，每次都要确定图幅、绘制边框、标题栏等，对这些重复的设置，我们可以建立样板图，绘图时直接调用，以避免重复劳动，提高绘图效率。

下面介绍绘制建筑样板图的方法，样板图中的标题栏为学生做作业时常用的格式。

1. 创建新图形

单击快速访问工具栏中的新建按钮![]，弹出【选择样板】对话框，如图 7-2 所示。选择【名称】下拉列表框中的 "acadiso.dwt" 文件，单击【打开】按钮，新建一个 AutoCAD 文件。

图 7-2　【选择样板】对话框

2. 设置图层

（1）单击【图层】面板中的图层特性按钮![]，弹出【图层特性管理器】对话框，设置图层，结果如图 7-3 所示。

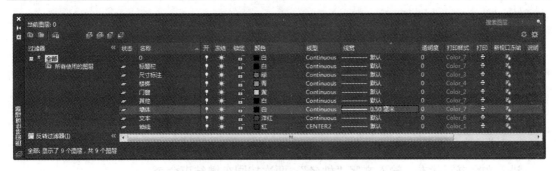

图 7-3 【图层特性管理器】对话框

（2）单击【图层特性管理器】对话框左上角的 ✕，关闭【图层特性管理器】对话框。

3．设置文字样式

（1）单击【注释】面板中的文字样式命令按钮 ，弹出【文字样式】对话框。建立两个文字样式："汉字"样式和"数字"样式。"汉字"样式采用"仿宋"字体，宽度比例设为 0.8，用于填写工程做法、标题栏、会签栏、门窗列表中的汉字样式等；"数字"样式采用"Simplex.shx"字体，宽度比例设为 0.8，用于书写数字及特殊字符。

（2）单击【关闭】按钮关闭【文字样式】对话框。

4．设置标注样式

单击【注释】面板中的标注样式命令按钮 ，弹出【标注样式管理器】对话框，新建"建筑"标注样式，设置方法同 6.2 节。

5. 绘制标题栏

绘制图 7-4 所示标题栏，步骤如下。

（学校名称）				NO	图号	日期	绘图日期
				批阅			成绩
姓名	某人	专业	某专业	（图名）			
班级	某班	学号	某学号				

图 7-4 标题栏绘制结果

（1）将"标题栏"层设置为当前层。

（2）利用直线、偏移和修剪等命令绘制标题栏框线，如图 7-5 所示。

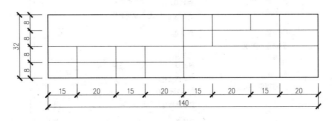

图 7-5 标题栏尺寸

（3）输入标题栏内的文字。

将"汉字"样式设置为当前文字样式。在命令行中输入 TEXT 命令并回车，命令行提示：

命令: TEXT

当前文字样式: "汉字" 文字高度: 2.5000 注释性: 否 对正: 左

指定文字的起点 或 [对正(J)/样式(S)]: j　　　//输入 J 并回车选择"对正"选项

输入选项 [左(L)/居中(C)/右(R)/对齐(A)/中间(M)/布满(F)/左上(TL)/中上(TC)/右上(TR)/左中(ML)/

正中(MC)/右中(MR)/左下(BL)/中下(BC)/右下(BR)]: mc

　　　　　　　　　　　　　　　　　　//选择"正中（MC）"选项

指定文字的中间点:　　　　　　　　//该点位于图 7-6 中两条对象追踪线的交点处

指定高度 <2.5000>: 3.5　　　　　　//输入 3.5 并回车，设置文字高度

指定文字的旋转角度 <0>:　　　　　//回车

进入文字书写状态，输入文字"姓名"，两次按回车键结束命令。

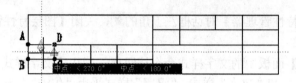

图 7-6　文字中间点位置图

注意: 需用打断于点命令□将文字周围线的交点打断，即需在图 7-6 中 A、B、C、D 四个点处打断相应的直线段。

（4）运用复制命令可以复制其他几组字，然后在命令行中输入文字修改命令 DDEDIT 并回车，依次修改各个文字内容，结果如图 7-7 所示。

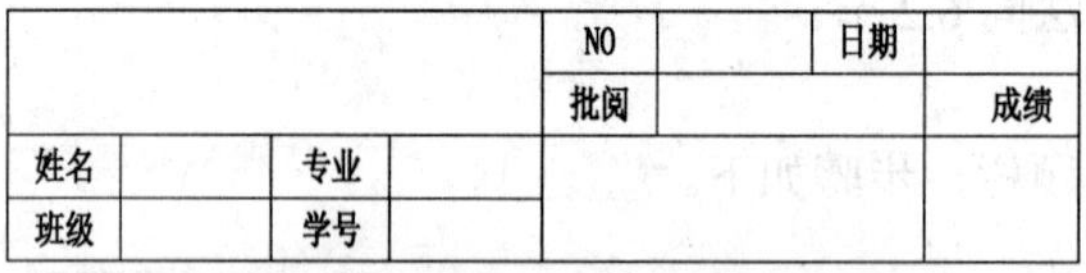

姓名		专业		NO		日期		
				批阅			成绩	
姓名		专业						
班级		学号						

图 7-7　加入文字之后的标题栏

（5）单击【块】面板中的定义属性按钮 ✎，弹出【属性定义】对话框，设置其参数如图 7-8 所示，单击【确定】按钮，在绘图区之内拾取即将写入的文字所在位置的正中点，块属性定义结束，结果如图 7-9 所示。

图 7-8　【属性定义】对话框及其设置

（学校名称）	NO		日期	
	批阅			成绩
姓名		专业		
班级		学号		

图 7-9 属性定义结果

（6）同样，可以为其他的文字定义属性。"图名"的字高为 5，其他文字的字高为 3.5。结果如图 7-10 所示。

（学校名称）	NO	图号	日期	绘图日期
	批阅			成绩
姓名	某人	专业	某专业	（图名）
班级	某班	学号	某学号	

图 7-10 属性定义最终结果

（7）修改标题栏外框线的线宽为 0.7，标题栏内格线的线宽为 0.35。

注意：图框线和标题栏线的宽度可参考表 7-3。

（8）单击【块】面板中的创建块命令按钮 创建，弹出如图 7-11 所示的【块定义】对话框。

图 7-11 【块定义】对话框

（9）在名称下拉列表框中输入块的名称"标题栏"，单击拾取点按钮，捕捉标题栏的右下角角点作为块的基点；单击选择对象按钮，选择标题栏线及其内部文字，选择【删除】单选按钮，单击【确定】按钮，块定义结束。

6. 将该文件保存为样板图文件

单击快速访问工具栏中的保存命令按钮，打开【图形另存为】对话框。从【文件类型】

下拉列表中选择"AutoCAD 图形样板（*.dwt）"，输入文件名称"建筑图模板"，单击【保存】按钮，在弹出的样板说明对话框中输入说明"建筑用模板"，单击【确定】按钮，完成设置。

　　实例小结：以建筑用样板图为例详细讲解了样板图的制作过程。如果用户在绘图中还有很多常用的图块或设置，均可以用相同的方法加入到模板文件中。

7.3　思考与练习

1．思考题

（1）制作建筑样板图的步骤是什么？

（2）建筑工程图纸的幅面及图框尺寸的规定是什么？

（3）绘制建筑图有时需要使用加长图纸，对图纸的加长有何规定？

（4）图框线和标题栏线的宽度有何规定？

（5）块命令在建筑制图中经常应用于哪几个方面？

2．选择题

（1）AutoCAD 2016 中的样板图文件的格式是（　　）。

　　A．AutoCAD 2013 图形（*.dwg）

　　B．AutoCAD 图形标准（*.dws）

　　C．AutoCAD 图形样板（*.dwt）

　　D．AutoCAD 2013 DXF（*.dxf）

（2）定义样板图应该包含（　　）特性。

　　A．图形界限、单位、图层

　　B．文字样式、标注样式

　　C．标题栏、边框线

　　D．以上都有

（3）当带属性的块被插入后，它显示的是（　　）。

　　A．属性标签　　　　B．属性值　　　　C．属性提示　　　　D．以上都不是

（4）下列命令中的（　　）为创建块命令。

　　A．BLOCK　　　　B．INSERT　　　　C．BASE　　　　D．ATTDEF

（5）A2 图纸的尺寸为（　　）。

　　A．841×1 189　　　B．594×841　　　C．420×594　　　D．297×420

第8章 建筑平面图实例

从本章开始，将以一幢住宅楼的施工图为例系统讲述利用 AutoCAD 2016 绘制建筑施工图的方法。本章主要讲述建筑平面图的绘制方法和过程。

假想用一个水平剖切平面沿房屋的门窗洞口位置把房屋剖开，移去上部之后，向水平面投影所作的正投影图，称为建筑平面图。建筑平面图主要表达建筑物的平面形式，包括房间的布局、形状、大小和用途，墙、柱的尺寸，门窗的类型、位置，以及各类构件的尺寸等。建筑平面图是施工放线、墙体砌砖、门窗安装和室内装修的依据。对于多层建筑，如中间层形式相同，则至少应绘制三种平面图：底层平面图、中间层平面图和顶层平面图。

本章将以图 8-1 所示的住宅楼二层建筑平面图为例，详细讲述建筑平面图的绘制过程。本章涉及的命令主要有：直线、偏移、复制、阵列、多线的绘制和编辑、块的定义和插入等。绘制步骤如下：

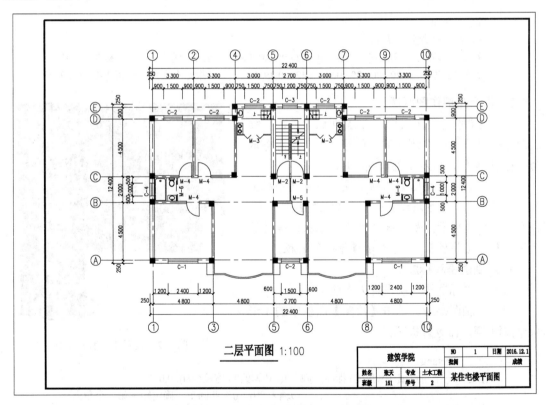

图 8-1 某住宅楼二层建筑平面图

● 设置绘图环境；

● 绘制轴线；

- 绘制墙体及柱子；
- 开门、窗洞及绘制和插入门、窗图形块；
- 标注文本；
- 绘制楼梯；
- 标注尺寸；
- 打印输出。

8.1　设置绘图环境

1．使用样板创建新图形文件

单击快速访问工具栏中的新建命令按钮 🗋，弹出【选择样板】对话框。从【查找范围】下拉列表框和【名称】列表框选择第 7 章建立的样板文件"建筑图模板.dwt"所在的路径并选中该文件，单击【打开】按钮，进入 AutoCAD 2016 绘图界面。

2．设置绘图区域

单击下拉菜单栏中的【格式】|【图形界限】命令，命令行提示如下：

命令:'_limits
重新设置模型空间界限:
指定左下角点或 [开(ON)/关(OFF)] <0.0000,0.0000>:　　//回车默认左下角坐标为"0,0"
指定右上角点 <420.0000,297.0000>: 42000,29700　　//指定右上角坐标为"42000,29700"

3．显示全部作图区域

单击【视图】选项卡【导航】面板上的范围缩放命令按钮 🔍范围 ·右侧的下三角号，激活全部缩放命令按钮 🔍全部，显示全部作图区域。

注意：如果【视图】选项卡没有显示【导航】面板，可通过以下方法设置：单击【视图】选项卡，再右击视图选项卡，如图 8-2 所示，依次选择【显示面板】|【导航】，即可显示【导航】面板。

4．绘制图框和标题栏

（1）将"标题栏"层设置为当前层。

（2）绘制图幅线。单击【绘图】面板中的矩形命令按钮 🗖，命令行提示：

图 8-2　设置【导航】面板

命令: _rectang
指定第一个角点或 [倒角(C)/标高(E)/圆角(F)/厚度(T)/宽度(W)]: 0,0
　　　　　　　　　　　　　　　//输入"0，0"并回车，确定矩形第一个角点
指定另一个角点或 [尺寸(D)]: 42000,29700
　　　　　　　　　　　　　　　//输入"42000，29700"并回车，确定矩形另一个角点

（3）绘制图框线。

命令: RECTANG　　　　　　　　//回车，输入上一次的矩形命令

　　　　　指定第一个角点或 [倒角(C)/标高(E)/圆角(F)/厚度(T)/宽度(W)]: 2500,500

　　　　　　　　　　　　　　　　　　//输入 "2500，500" 并回车

　　　　　指定另一个角点或 [面积(A)/尺寸(D)/旋转(R)]: 41500,29200

　　　　　　　　　　　　　　　　　　//输入 "41500，29200" 并回车

（4）修改图框线的线宽为 1.0。

（5）插入标题栏。单击【块】面板中的插入块命令按钮 ，选择【更多选项】，弹出【插入】对话框，如图 8-3 所示。从名称下拉列表框中选择 "标题栏"；比例选项区域选中 "统一比例" 复选框，并设置为 "100"；"插入点" 选项区域选中 "在屏幕上指定" 复选框，单击【确定】按钮，选择图框线的右下角为插入基点单击鼠标左键，弹出【编辑属性】对话框，如图 8-4 所示，依次输入属性值，单击【确定】按钮。块插入结果如图 8-5 所示。

图 8-3　【插入】对话框

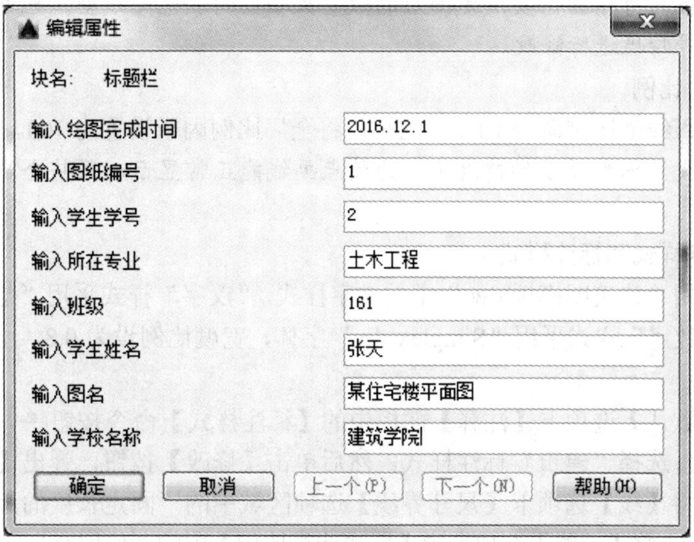

图 8-4　【编辑属性】对话框

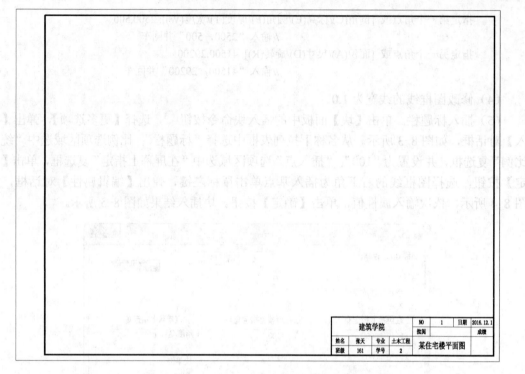

建筑学院		NO	1	日期	2016.12.1
		批阅		成绩	
姓名	张天	专业	土木工程	某住宅楼平面图	
班级	161	学号	2		

图 8-5   图框线及标题栏绘制结果

注意：在实际绘图时，块的属性值中的各项参数应根据实际情况设置或修改。

5．修改图层

单击【图层】面板中的图层特性按钮，弹出【图层特性管理器】对话框，可依绘图需要创建新图层或对原图层进行修改。

注意：在绘图时可根据需要决定图层的数量及相应的颜色与线型。也可随时对图层及图层的颜色和线型等特性进行修改。

6．设置线型比例

在命令行输入线型比例命令 LTS 并回车，将全局比例因子设置为 100。

注意：在扩大了图形界限的情况下，为使点画线能正常显示，须将全局比例因子按比例放大。

7．设置文字样式和标注样式

（1）本例使用"建筑图模板.dwt"中的文字样式，"汉字"样式采用"仿宋"字体，宽度比例设为 0.8，"数字"样式采用"Simplex.shx"字体，宽度比例设为 0.8，用于书写数字及特殊字符。

（2）单击【默认】选项卡【注释】面板中的【标注样式】命令按钮，弹出【标注样式管理器】对话框，选择"建筑"标注样式，然后单击【修改】按钮，弹出【修改标注样式：建筑】对话框，将【线】选项卡【尺寸界线】选项区域中的"固定长度的尺寸界线"复选框选中，设长度为 8；将【调整】选项卡中【标注特征比例】中的"使用全局比例"修改为 100。然后单击【确定】按钮，退出【修改标注样式：建筑】对话框，再单击【标注样式管理器】对话框中的【关闭】按钮，完成标注样式的设置。

8．完成设置并保存文件

利用【图层】面板中的图层列表框，如图 8-6 所示，关闭"标题栏"层，然后单击快速访问工具栏中的保存命令按钮 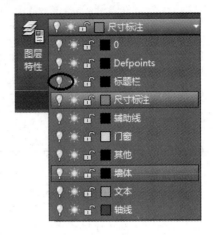，打开【图形另存为】对话框。输入文件名称"住宅平面图"，单击【图形另存为】对话框中的【保存】命令按钮保存文件。

至此，绘图环境的设置已基本完成，这些设置对于绘制一幅高质量的工程图纸非常重要。

注意：虽然在开始绘图前，已经对图形单位、界限、图层等设置过了，但是在绘图过程中，仍然可以对它们进行重新设置，以避免在绘图时因设置不合理而影响绘图。

图 8-6　关闭"标题栏"图层

8.2　绘制轴线

1．设置绘图环境

打开上一节存盘的文件"住宅平面图.dwg"，将"轴线"层设置为当前层。打开正交方式，设置对象捕捉方式为"端点""中点""圆心""交点""范围"捕捉方式。

2．绘制纵向定位轴线

（1）绘制轴线 A（如图 8-7 所示）。

单击【绘图】面板中的直线命令按钮 ，命令行提示：

> 命令: _line
> 指定第一点:　　　　　　　　　　　//在绘图区的左下角任意位置单击鼠标左键
> 指定下一点或 [放弃(U)]:27200　　　//轴线的长度暂定为 27200 mm，输入 27200 并回车
> 指定下一点或 [放弃(U)]:　　　　　//按回车键，结束命令

（2）绘制轴线 B（如图 8-7 所示）。

单击【修改】面板中的偏移命令按钮 ，命令行提示：

> 命令: _offset
> 当前设置: 删除源=否　图层=源　OFFSETGAPTYPE=0
> 指定偏移距离或 [通过(T)/删除(E)/图层(L)] <通过>:4500
> 　　　　　　　　　　　　　　　　//输入 A、B 轴之间的距离 4500 并回车
> 选择要偏移的对象，或 [退出(E)/放弃(U)] <退出>:
> 　　　　　　　　　　　　　　　　//选择第一条纵轴，即 A 轴
> 指定要偏移的那一侧上的点，或 [退出(E)/多个(M)/放弃(U)] <退出>:
> 　　　　　　　　　　　　　　　　//在 A 轴的上侧单击鼠标左键以确定偏移的方向
> 选择要偏移的对象，或 [退出(E)/放弃(U)] <退出>:
> 　　　　　　　　　　　　　　　　//按回车键，结束命令

（3）绘制 C 轴线（如图 8-7 所示）。

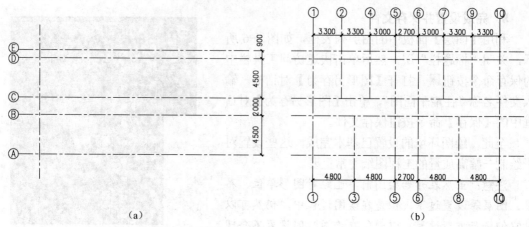

图 8-7   轴线绘制步骤

再一次单击【修改】面板中的偏移命令按钮，命令行提示：

> 命令：_offset
> 当前设置：删除源=否   图层=源   OFFSETGAPTYPE=0
>   //重复使用该命令
> 指定偏移距离或 [通过(T)/删除(E)/图层(L)] <通过>:2000
>   //输入 B、C 轴之间的距离 2000 并回车
> 选择要偏移的对象，或 [退出(E)/放弃(U)] <退出>:
>   //选择要复制的对象，即 B 轴
> 指定要偏移的那一侧上的点，或 [退出(E)/多个(M)/放弃(U)] <退出>:
>   //在 B 轴的上侧单击鼠标左键确定方向
> 选择要偏移的对象，或 [退出(E)/放弃(U)] <退出>:
>   //按回车键，结束命令

依次类推，其他几条纵轴的间距分别为 4 500、900，均用偏移命令画出，结果如图 8-7 (a) 所示。

3. 绘制横向定位轴线

同样做法，运用直线命令在适当位置画出第一条横轴，如图 8-7 (a) 所示，再运用偏移命令复制出其他的横轴，间距分别为 3 300、1 500、1 800、3 000、2 700、3 000、1 800、1 500、3 300，其中②、③、④、⑦、⑧、⑨轴线不贯穿整个横轴，多余部分修剪掉，如图 8-7 (b) 所示。

8.3   绘制墙体及柱子

8.3.1   绘制墙体

1. 选择当前层

锁定"轴线"层，选择"墙体"层为当前层。

2. 设置多线样式

步骤如下。

（1）单击下拉菜单栏中的【格式】|【多线样式】命令，弹出【多线样式】对话框。

（2）单击【新建】按钮，弹出【创建新的多线样式】对话框。在【新样式名】文本框中输入多线的名称"370"，单击【继续】按钮，弹出【新建多线样式：370】对话框，如图 8-8 所示。

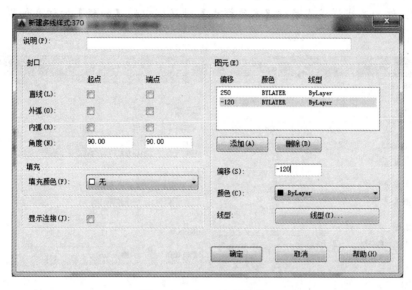

图 8-8　"370"墙体的设置

（3）在【图元】文本框中，分别选中两条平行线，并在【偏移】文本框中分别输入偏移距离为"250"和"-120"。

（4）单击【确定】按钮，返回【多线样式】对话框，完成"370"墙体的设置。

（5）单击【保存】按钮，弹出如图 8-9 所示的【保存多线样式】对话框，在【文件名】文本框中输入文件名"370 墙.mln"，单击【保存】按钮，返回【多线样式】对话框。

图 8-9　【保存多线样式】对话框

（6）同样做法，可以设置名称为"180""60""370-1"的墙体样式，其【新建多线样式】对话框分别如图 8-10、图 8-11 和图 8-12 所示。

注意：单击【多线样式】对话框中的【保存】按钮，将当前多线样式保存为"*.mln"文件，则当前文件的多线样式能通过【多线样式】对话框中的【加载】按钮来加载，从而被其他文件使用。

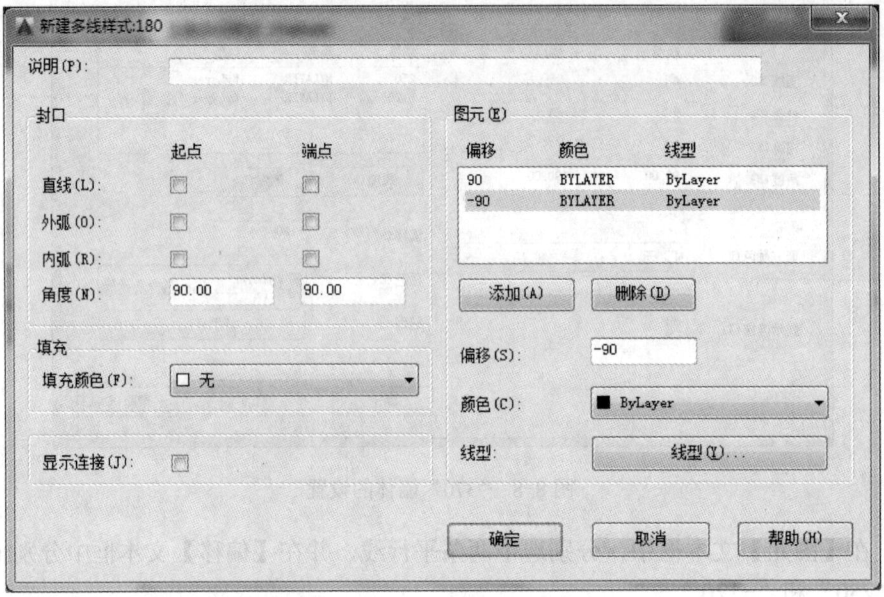

图 8-10   "180"墙体的设置

图 8-11   "60"墙体的设置

图 8-12　"370-1"墙体的设置

3．绘制及修改墙体

步骤如下。

1）绘制外墙线

先绘制外墙 ABCDEFGHJK，再绘制外墙 MN，这些节点均为轴线的交点，如图 8-13 所示。具体操作如下。

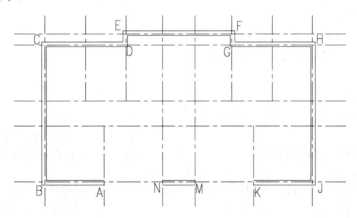

图 8-13　"370"墙体绘制结果

（1）单击下拉菜单栏中的【绘图】|【多线】命令，命令行提示：

命令: _mline
当前设置: 对正 = 上，比例 = 20.00，样式 = 370-1
指定起点或 [对正(J)/比例(S)/样式(ST)]:j　　　　//输入 J 并回车，选择"对正"选项
输入对正类型 [上(T)/无(Z)/下(B)] <上>:z　　　　//输入 Z 并回车，采用中线对齐方式
当前设置: 对正 = 无，比例 = 20.00，样式 = 370-1

指定起点或 [对正(J)/比例(S)/样式(ST)]:s	//输入 S 并回车，选择"比例"选项
输入多线比例 <20.00>:1	//输入 1 并回车，设置比例为 1
当前设置: 对正 = 无，比例 =1.00，样式 =370-1	
指定起点或 [对正(J)/比例(S)/样式(ST)]:st	
	//输入 ST 并回车，选择"样式"选项
输入多线样式名或 [?]:370	//输入 370 并回车，设置多线样式为"370"样式
当前设置: 对正 = 无，比例 =1.00，样式 =370	
指定起点或 [对正(J)/比例(S)/样式(ST)]: <对象捕捉 开>	//捕捉 A 点
指定下一点:	//捕捉 B 点
指定下一点或 [放弃(U)]:	//捕捉 C 点
指定下一点或 [闭合(C)/放弃(U)]:	//捕捉 D 点
指定下一点或 [闭合(C)/放弃(U)]:	//捕捉 E 点
指定下一点或 [闭合(C)/放弃(U)]:	//捕捉 F 点
指定下一点或 [闭合(C)/放弃(U)]:	//捕捉 G 点
指定下一点或 [闭合(C)/放弃(U)]:	//捕捉 H 点
指定下一点或 [闭合(C)/放弃(U)]:	//捕捉 J 点
指定下一点或 [闭合(C)/放弃(U)]:	//捕捉 K 点
指定下一点或 [闭合(C)/放弃(U)]:	//按回车键，结束命令

（2）空格键重复多线命令，命令行提示如下：

MLINE	
当前设置: 对正 = 无，比例 =1.00，样式 =370	
指定起点或 [对正(J)/比例(S)/样式(ST)]:	//捕捉 M 点
指定下一点:	//捕捉 N 点
指定下一点或 [放弃(U)]:	//按回车键，结束命令

2）绘制内墙线

（1）绘制墙体 DOP（图 8-14）。

空格键重复多线命令，命令行提示如下：

MLINE	
当前设置: 对正 = 无，比例 =1.00，样式 =370	
指定起点或 [对正(J)/比例(S)/样式(ST)]:st	
	//输入 ST 并回车，选择"样式"选项设置多线样式
输入多线样式名或 [?]:180	//输入 180 并回车，设置多线样式为"180"样式
当前设置: 对正 = 无，比例 =1.00，样式 =180	
指定起点或 [对正(J)/比例(S)/样式(ST)]:	//捕捉 D 点
指定下一点:	//捕捉 O 点
指定下一点或 [放弃(U)]:	//捕捉 P 点
指定下一点或 [闭合(C)/放弃(U)]:	//按回车键，结束命令

（2）绘制墙体 QR（图 8-14）。

空格键重复多线命令，命令行提示如下：

MLINE	
当前设置: 对正 = 无，比例 =1.00，样式 =180	
指定起点或 [对正(J)/比例(S)/样式(ST)]:	//捕捉 Q 点

指定下一点: //捕捉 R 点

指定下一点或 [放弃(U)]:   //按回车键，结束命令

结果如图 8-14 所示。

同理，画出其他内墙，结果如图 8-15 所示。

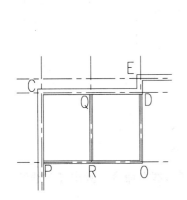

图 8-14 绘制部分内墙

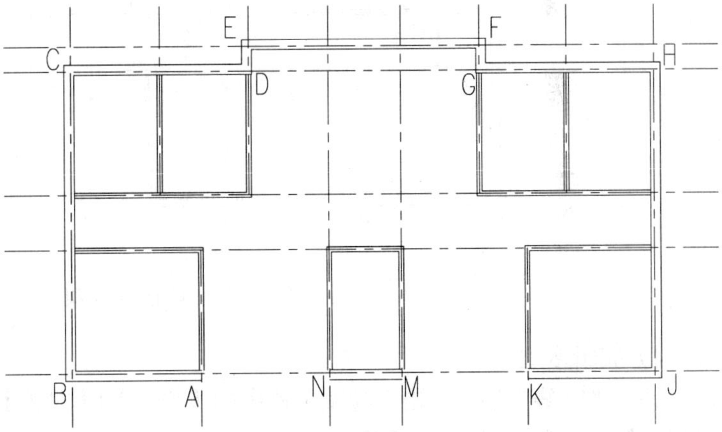

图 8-15 "180" 墙体绘制结果

（3）绘制楼梯间承重墙体。

绘制墙体 ST（图 8-16）：

空格键重复多线命令，命令行提示如下：

```
MLINE
当前设置: 对正 = 无, 比例 = 1.00, 样式 = 180
指定起点或 [对正(J)/比例(S)/样式(ST)]:st        //输入 ST 并回车，选择"样式"选项
输入多线样式名或 [?]:370-1                       //设置多线样式为"370-1"样式
指定起点或 [对正(J)/比例(S)/样式(ST)]:           //捕捉 S 点
指定下一点:                                      //捕捉 T 点
指定下一点或 [放弃(U)]:                           //按回车键，结束命令
```

同理，画出墙体 UV，并运用直线命令将其封口，结果如图 8-16 所示。

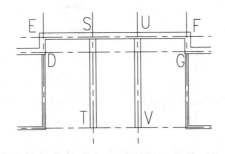

图 8-16 楼梯间承重墙的绘制结果

3）绘制卫生间、厨房、大门处的隔墙

隔墙是宽度为 60 的墙，绘制多线后，再运用直线命令将其封口，结果如图 8-17 所示。

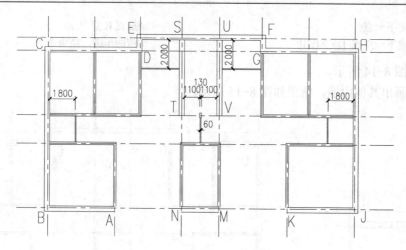

图 8-17　隔墙绘制结果

4）编辑多线

关闭"轴线"层。单击下拉菜单栏中的【修改】|【对象】|【多线】命令，弹出【多线编辑工具】对话框如图 8-18 所示。

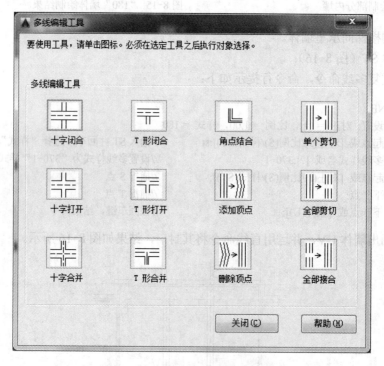

图 8-18　【多线编辑工具】对话框

注意：多线编辑可以将十字接头、丁字接头、角接头等修正为图 8-18 所示的形式，还可以用多线编辑命令打断多线和连接多线、添加顶点、删除顶点。

单击第二行第二列的"T 形打开"形式，根据命令行提示做如下操作，结果如图 8-19 所示。

命令: _mledit

选择第一条多线:	//单击多线 QR
选择第二条多线:	//单击多线 CD
选择第一条多线或 [放弃(U)]:	//单击多线 QR
选择第二条多线:	//单击多线 OP
选择第一条多线或 [放弃(U)]:	//单击多线 OD
选择第二条多线:	//单击多线 CD
选择第一条多线或 [放弃(U)]:	//单击多线 OP
选择第二条多线:	//单击多线 CP
选择第一条多线或 [放弃(U)]:	//按回车键, 结束命令

　　空格键重复编辑多线命令, 单击第一行第三列的"角点结合"形式, 根据命令行提示做如下操作, 结果如图 8-20 所示。

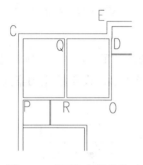

图 8-19　"丁"字接头修改

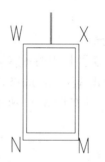

图 8-20　角接头修改

MLEDIT

选择第一条多线:	//单击多线 MN
选择第二条多线:	//单击多线 WN
选择第一条多线或 [放弃(U)]:	//单击多线 MN
选择第二条多线:	//单击多线 XM
选择第一条多线或 [放弃(U)]:	//按回车键, 结束命令

　　同理, 可以修改其他的接头墙体, 结果如图 8-21 所示。

注意: 如果修改结果异常, 可以改变单击多线的顺序。

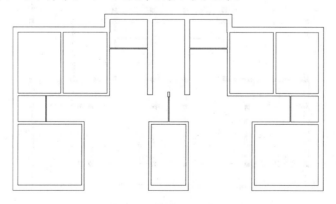

图 8-21　修改完的墙体

8.3.2 绘制柱子

1. 建立并设置当前层

新建"柱子"图层，并将"柱子"图层置为当前。

2. 绘制柱子轮廓线

如图 8-22 所示。

单击【绘图】面板中的矩形命令按钮 ▭，命令行提示：

命令：_rectang
指定第一个角点或 [倒角(C)/标高(E)/圆角(F)/厚度(T)/宽度(W)]： <对象捕捉 开>
                                              //捕捉 Y 点（图 8-22）
指定另一个角点或 [面积(A)/尺寸(D)/旋转(R)]: @400,-400
                                              //输入柱子尺寸，按回车键，结束命令

3. 图案填充

单击【绘图】面板中的图案填充命令按钮 ▦，输入"T"并回车，弹出【图案填充和渐变色】对话框，单击【添加：选择对象】按钮 ⊞，选择矩形，设置填充图案为"SOLID"，单击【确定】按钮。结果如图 8-23 所示。

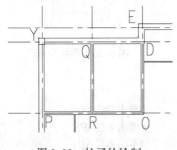

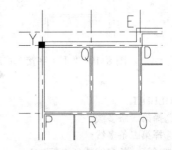

图 8-22 柱子的绘制   图 8-23 柱子的填充

4. 复制柱子

运用复制命令复制其他位置的柱子，并打开轴线图层，结果如图 8-24 所示。

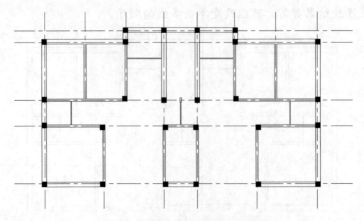

图 8-24 绘制其他柱子

8.3.3　绘制其他部分

1．绘制卫生间器具

利用矩形、圆、椭圆、直线、圆角、偏移等命令完成浴盆、坐便、洗脸盆的绘制。

2．绘制厨房器具

利用矩形、圆、直线、偏移、填充等命令完成炉台、厨洗盆的绘制。结果如图 8-25 所示。

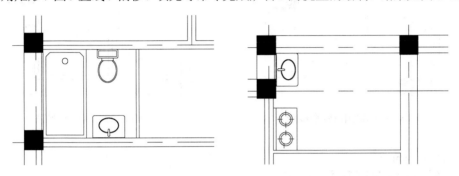

图 8-25　绘制卫生间和厨房器具

8.4　开门、窗洞及绘制和插入门、窗图形块

8.4.1　开门、窗洞口

1．开窗洞口

（1）关闭"柱子"图层，并将"墙体"图层置为当前。单击【修改】面板中的分解命令按钮，根据命令行提示选择所有的墙体，将其分解成线段。

（2）单击【绘图】面板中的直线命令按钮，绘制直线 CB（图 8-26），具体操作如下：

```
命令: _line
指定第一点: 780                        //由 A 点水平向右追踪点 B，距离为 780
指定下一点或 [放弃(U)]:                  //运用"垂足"捕捉方式捕捉 C 点
指定下一点或 [放弃(U)]:                  //按回车键，结束命令
```

（3）单击【修改】面板中的偏移命令按钮，偏移复制出窗洞口的另一端墙线 DE，如图 8-26 所示，操作过程如下：

```
命令: _offset
当前设置: 删除源=否　图层=源　OFFSETGAPTYPE=0
指定偏移距离或 [通过(T)/删除(E)/图层(L)] <通过>:1500
                                      //输入窗洞口的宽度 1500 并回车
选择要偏移的对象，或 [退出(E)/放弃(U)] <退出>:      //选择直线 BC
指定要偏移的那一侧上的点，或 [退出(E)/多个(M)/放弃(U)] <退出>:
                                      //在直线 BC 的右侧单击鼠标左键确定方向
```

选择要偏移的对象，或 [退出(E)/放弃(U)] <退出>:　　　　　　//按回车键，结束命令

（4）关闭"轴线"图层。单击【修改】面板中的修剪命令按钮 ⚒，修剪窗洞口，结果如图 8-27 所示，操作如下：

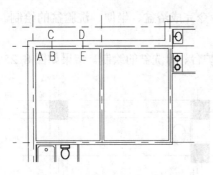

图 8-26　绘制窗洞口两端墙线

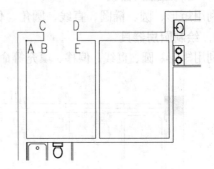

图 8-27　修剪窗洞口

命令: _trim
当前设置:投影=UCS，边=无
选择剪切边...
选择对象或 <全部选择>:　指定对角点: 找到 2 个　　//选择剪切边界，线段 BC 和 DE
选择对象:　　　　　　　　　　　　　　　　　　//按回车键
　选择要修剪的对象，或按住 Shift 键选择要延伸的对象，或[栏选(F)/窗交(C)/投影(P)/边(E)/删除(R)/
放弃(U)]:　　　　　　　　　　　　　　　　//选择被剪切段 CD
　选择要修剪的对象，或按住 Shift 键选择要延伸的对象，或[栏选(F)/窗交(C)/投影(P)/边(E)/删除(R)/
放弃(U)]:　　　　　　　　　　　　　　　　//选择被剪切段 BE
　选择要修剪的对象，或按住 Shift 键选择要延伸的对象，或[栏选(F)/窗交(C)/投影(P)/边(E)/删除(R)/
放弃(U)]:　　　　　　　　　　　　　　　　//按回车键

（5）同理，运用直线、偏移复制、剪切命令可以绘制出其他窗洞口，如图 8-28 所示。

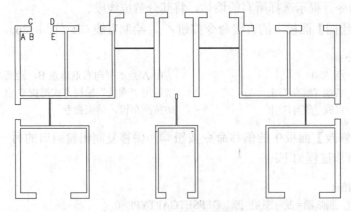

图 8-28　绘制其他窗洞口

2. 开门洞口

门洞口的制作方法与窗洞口基本一致，主要运用直线命令绘制洞口两边的墙线，运用剪切命令来修剪洞口。修剪结果如图 8-29 所示。

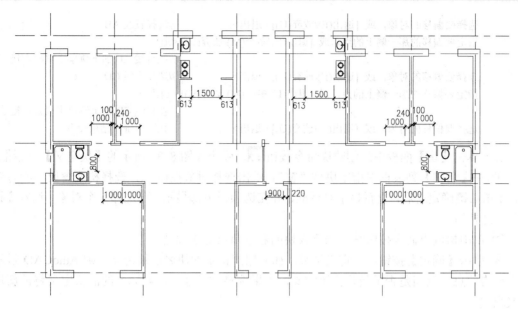

图 8-29　门洞口的形态及尺寸

8.4.2　绘制和插入门、窗图形块

1. 绘制窗图形块

块是用户在块定义时指定的全部图形对象的集合。块一旦被定义，就以一个整体出现（除非将其分解）。块的主要作用有：建立图形库、节省存储空间、便于修改和重定义、定义非图形信息等。制作窗块的步骤如下。

（1）选择 "0" 层为当前层。运用直线命令在任意空白位置绘制一个长为 1 000，宽为 100 的矩形，如图 8-30（a）所示。

注意： 如果图块中的图形元素全部被绘制在 "0" 层上，图块中的图形元素继承图块插入层的线型和颜色属性；如果图块中的图形元素被绘制在不同的图层上，则插入图块时，图块中的图形元素都插在原来所在的图层上，并保存原来的线型、颜色等全部图层特性，与插入层无关。

（2）单击【修改】面板中的偏移命令按钮，根据命令行提示操作如下，结果如图 8-30（b）所示。

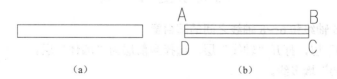

（a）　　　　　　　　　　　　　　（b）

图 8-30　绘制窗图形块

命令:_offset
　　当前设置: 删除源=否　图层=源　OFFSETGAPTYPE=0
　　指定偏移距离或 [通过(T)/删除(E)/图层(L)] <通过>:33　　　//输入偏移距离 33 并回车

选择要偏移的对象，或 [退出(E)/放弃(U)] <退出>:　　　//选择直线 AB
指定要偏移的那一侧上的点，或 [退出(E)/多个(M)/放弃(U)] <退出>:
　　　　　　　　　　　　　　　　　　　　　　　//在直线 AB 的下侧单击鼠标左键
选择要偏移的对象，或 [退出(E)/放弃(U)] <退出>:　　　//选择直线 CD
指定要偏移的那一侧上的点，或 [退出(E)/多个(M)/放弃(U)] <退出>:
　　　　　　　　　　　　　　　　　　　　　　　//在直线 CD 的上侧单击鼠标左键
选择要偏移的对象，或 [退出(E)/放弃(U)] <退出>:　　　//按回车键，结束命令

（3）单击【块】面板中的创建块命令按钮，弹出如图 8-31 所示的【块定义】对话框。

① 在【名称】列表框中指定块名"窗"。单击选择对象按钮，选择构成窗块的所有对象，单击右键确定之后，重新显示对话框，并在选项组下部显示：已选择 6 个对象。选择【删除】单选按钮。

② 单击拾取点命令按钮，选择窗块的右下角点 C 为基点。

③ 单击【确定】按钮，块定义结束。如果用户指定的块名已被定义，则 AutoCAD 显示一个警告信息，询问是否重新建立块定义，如果选择重新建立，则同名的旧块定义将被新块定义取代。

图 8-31　【块定义】对话框

2. 绘制 3～5 轴线和 6～8 轴线之间的阳台窗

（1）关闭"0"层，打开"轴线"层，选择当前层为"墙体"层。

（2）设置"90"墙多线。

① 单击下拉菜单栏中的【格式】|【多线样式】命令，弹出【多线样式】对话框。

② 单击【新建】按钮，弹出【创建新的多线样式】对话框。在【新样式名】文本框中输入多线的名称"90"，单击【继续】按钮，弹出【新建多线样式：90】对话框，如图 8-32 所示。

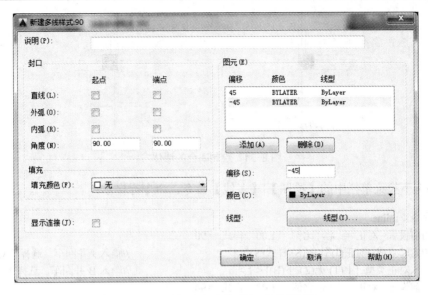

图 8-32 【新建多线样式】对话框设置

③ 在【图元】选项区域中，分别设置两条平行线的偏移距离。

④ 单击【确定】按钮，返回【多线样式】对话框，完成"90"墙体的设置。

⑤ 单击【保存】按钮，弹出如图 8-33 所示的【保存多线样式】对话框，在【文件名】文本框中输入文件名"90 墙.mln"，单击【保存】按钮，返回【多线样式】对话框。

图 8-33 【保存多线样式】对话框

（3）打开"柱子"图层，绘制阳台墙体，如图 8-34 所示。

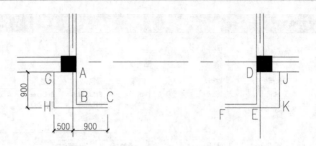

图 8-34　绘制阳台的墙体

① 单击下拉菜单栏中的【绘图】|【多线】命令，命令行提示：

```
命令: _mline
当前设置: 对正 = 无, 比例 = 1.00, 样式 = 90
指定起点或 [对正(J)/比例(S)/样式(ST)]:j          //输入 J 并回车，选择"对正"选项
输入对正类型 [上(T)/无(Z)/下(B)] <上>:b          //输入 B 并回车，选择下线对齐方式
当前设置: 对正 = 下, 比例 = 1.00, 样式 = 90
指定起点或 [对正(J)/比例(S)/样式(ST)]: <对象捕捉 开>    //捕捉 A 点
指定下一点: <正交 开> 900                      //向下绘制 AB 直线
指定下一点或 [放弃(U)]:900                     //向右绘制 BC 直线
指定下一点或 [闭合(C)/放弃(U)]:               //按回车键，结束命令
```

② 单击【绘图】面板中的直线命令按钮 ，命令行提示：

```
命令: _line
指定第一点:500                               //由 A 点水平向左追踪点 G，距离为 500
指定下一点或 [放弃(U)]:900                     //向下绘制直线 GH
指定下一点或 [放弃(U)]:                       //运用"端点"捕捉方式，捕捉 B 点
指定下一点或 [闭合(C)/放弃(U)]                 //按回车键，结束命令
```

③ 同理，可以绘制出 DEF 和 JKE。

（4）绘制阳台窗户，如图 8-35 所示。

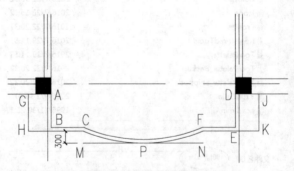

图 8-35　绘制阳台窗户

① 单击【绘图】面板中的直线命令按钮 ，命令行提示：

```
命令: _line
指定第一点: 300                              //由 C 点垂直向下追踪点 M，距离为 300
指定下一点或 [放弃(U)]:3000                   //向右绘制直线 MN，距离为 3000
```

指定下一点或 [放弃(U)]:　　　　　　　　　　　//按回车键，结束命令

② 单击【绘图】面板中圆弧按钮 下侧的下三角号 ，选择 【三点】选项，绘制圆弧 CPF，命令行提示如下：

```
命令: _arc
指定圆弧的起点或 [圆心(C)]:              //捕捉 C 点
指定圆弧的第二个点或 [圆心(C)/端点(E)]:   //捕捉直线 MN 的中点 P
指定圆弧的端点:                         //捕捉 F 点，结束命令
```

③ 单击【修改】面板中的偏移命令按钮 ，命令行提示：

```
命令: _offset
当前设置: 删除源=否　 图层=源　 OFFSETGAPTYPE=0
指定偏移距离或 [通过(T)/删除(E)/图层(L)] <90.0000>: 90
                                  //输入两弧线间的距离 90 并回车
选择要偏移的对象，或 [退出(E)/放弃(U)] <退出>:   //选择圆弧 CPF
指定要偏移的那一侧上的点，或 [退出(E)/多个(M)/放弃(U)] <退出>:
                                  //在圆弧 CPF 的上侧单击鼠标左键
选择要偏移的对象，或 [退出(E)/放弃(U)] <退出>:  //按回车键，结束命令
```

④ 用分解命令将多线 ABC 和多线 DEF 分别分解成四条直线。再运用延伸命令将圆弧 CF 两端延长至线段端点，如图 8-35 所示。最后，用删除命令将直线 MN 删除。

3．插入窗图形块

（1）关闭"轴线"层，将"门窗"层设置为当前层。单击【块】面板中的插入块命令按钮 ，选择"更多选项"，弹出如图 8-36 所示的【插入】对话框。

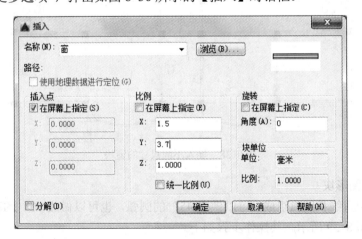

图 8-36　【插入】对话框

（2）在【名称】下拉列表中选择"窗"，在【比例】选项组中，"X"比例因子输入 1.5，"Y"比例因子输入 3.7。

（3）单击【确定】按钮，捕捉窗洞口右下角的 A 点作为插入基点，插入窗"C-2"，结果如图 8-37 所示。

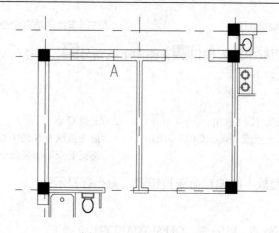

图 8-37　插入一个窗块

　　（4）同样做法，可以插入另外三个窗，即"C-1""C-3""卫生间窗"，"C-1"的"X"和"Y"方向比例因子分别为 2.4 和 3.7，"C-3"的"X"和"Y"方向比例因子分别为 1.2 和 3.7，"卫生间窗"的"X"和"Y"方向比例因子分别为 1 和 3.7，旋转角度为 90°。对于相同尺寸的窗，可以运用复制命令绘制，结果如图 8-38 所示。

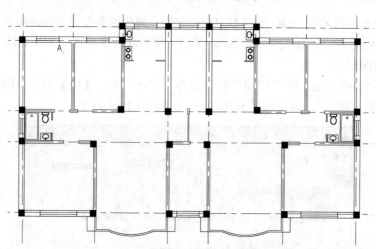

图 8-38　插入不同尺寸的窗块

4．绘制门图形块

　　门块主要由直线和圆弧组成，可以做成 45° 的圆弧，也可以做成 90° 的圆弧。本例采用 90° 圆弧，如图 8-39 所示。其操作步骤如下。

　　（1）将"0"层设置为当前层。单击【绘图】面板中的直线命令按钮✐，命令行提示：

　　　　命令：_line
　　　　指定第一点：　　　　　　　　　　　//在绘图区的空白处任一位置单击鼠标左键确定 O 点
　　　　指定下一点或 [放弃(U)]：1000　　　//向上输入 1000，绘制直线 OB
　　　　指定下一点或 [闭合(C)/放弃(U)]：　//按回车键，结束命令

　　（2）单击【绘图】面板中圆弧按钮▨下侧的下三角号▨，选择【圆心、起点、角度】命

令按钮 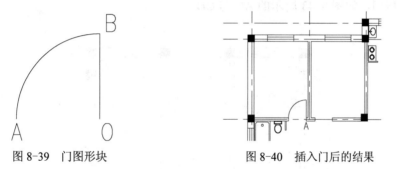，命令行提示：

> 命令: _arc
> 指定圆弧的起点或 [圆心(C)]: _c
> 指定圆弧的圆心: <对象捕捉 开>　　　　　//捕捉圆弧的圆心 O 点（图 8-39）
> 指定圆弧的起点:　　　　　　　　　　　//捕捉 B 点（图 8-39）
> 指定圆弧的端点（按住 Ctrl 键以切换方向）或 [角度(A)/弦长(L)]: _a
> 指定夹角（按住 Ctrl 键以切换方向）: 90　　//输入包含角度 90 并回车

（3）制作门块。门块的制作与窗块的制作基本相同，这里不再详述。块名为"门"，基点为 O 点。

5. 插入门图形块

（1）将"门窗"层设置为当前层。单击【块】面板中的插入块命令按钮 ，选择"更多选项"，弹出【插入】对话框。

（2）从【名称】下拉列表中选择"门"，在【比例】选项组中，选择【统一比例】复选框，"X"比例因子输入 1。

（3）单击【确定】按钮，捕捉 A 点（如图 8-40 所示）作为插入基点，插入门。

图 8-39　门图形块　　　　　　　　图 8-40　插入门后的结果

（4）对于其他的门，如果尺寸相同，可通过复制、镜像命令生成其他图块；如果尺寸不同，则运用插入块命令插入，如图 8-41 所示。

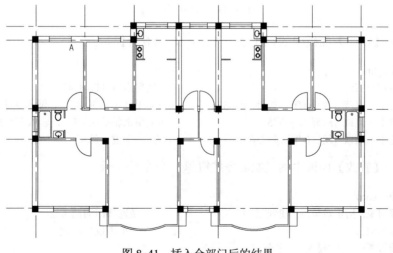

图 8-41　插入全部门后的结果

6. 绘制卫生间推拉门

卫生间处有一个推拉门，直接用直线命令画出，如图 8-42 所示。另外一户的卫生间门可以用镜像命令来完成。

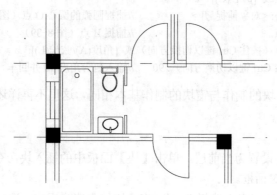

图 8-42　卫生间推拉门的绘制

7. 绘制厨房门

绘制厨房门，如图 8-43 所示的 **AB** 与 **CD**。

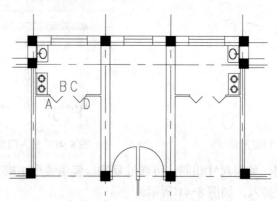

图 8-43　厨房门的绘制

（1）单击【绘图】面板中的直线命令按钮 ✐，命令行提示：

命令: _line	
指定第一点:	//捕捉点 A（图 8-43）
指定下一点或 [放弃(U)]: <极轴 开> 375	//运用极轴捕捉-45°，输入 375 并回车
指定下一点或 [放弃(U)]: 375	//运用极轴捕捉 45°，输入 375 并回车
指定下一点或 [闭合(C)/放弃(U)]:	//按回车键，结束命令

（2）单击【修改】面板中的复制命令按钮 ❳，命令行提示：

命令: _copy	
选择对象: 指定对角点: 找到 2 个	//选择门的两条线
选择对象:	//单击鼠标右键
当前设置: 复制模式 = 多个	
指定基点或 [位移(D)/模式(O)] <位移>:	//选择点 B（图 8-43）

指定第二个点或[阵列(A)] <使用第一个点作为位移>:　//选择点 D（图 8-43）
指定第二个点或 [阵列(A)/退出(E)/放弃(U)] <退出>:　//按回车键，结束命令

（3）同理，另外一户的厨房门可以用复制命令来完成，如图 8-43 所示。

8.5　标注文本

1. 环境设置

将"文本"层设置为当前层，"数字"样式设置为当前的文字样式。

2. 输入文字

在命令行中输入单行文字命令 TEXT，回车后命令行提示如下：

命令: TEXT
当前文字样式: "数字"　文字高度: 300.0000　注释性: 否　对正: 左
指定文字的起点或 [对正(J)/样式(S)]:　　//在绘图区内的任意空白处单击鼠标左键
指定高度 <2.5000>:300　　　　　　　　//输入文字的高度 300 并回车
指定文字的旋转角度 <0>:　　　　　　　//回车，确定旋转角度为 0
输入文字: C-1　　　　　　　　　　　//输入窗的编号 C-1 并回车
输入文字: C-2　　　　　　　　　　　//输入窗的编号 C-2 并回车
输入文字: C-3　　　　　　　　　　　//输入窗的编号 C-3 并回车
输入文字: M-2　　　　　　　　　　　//输入门的编号 M-2 并回车
输入文字: M-3　　　　　　　　　　　//输入门的编号 M-3 并回车
输入文字: M-4　　　　　　　　　　　//输入门的编号 M-4 并回车
输入文字: M-5　　　　　　　　　　　//输入门的编号 M-5 并回车
输入文字:　　　　　　　　　　　　　//按回车键，结束命令

3. 复制并移动文字

利用夹点编辑功能将以上文字移到合适的位置，相同的门窗标号运用复制命令复制，如图 8-44 所示。

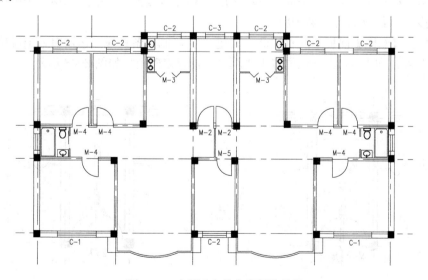

图 8-44　水平方向的文字标注结果

4. 旋转、镜像文字

同样，利用【单行文字】命令标注垂直方向的文字 M-6 和 C-4，文字的旋转角度设置为 90°，并利用夹点编辑功能将其移动到合适的位置，如图 8-45 所示。右侧相同的门窗编号可用镜像命令复制。

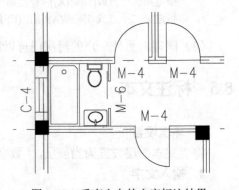

8.6　绘制楼梯

1. 绘制⑤-⑥轴间楼梯间楼梯

1）绘制楼梯及扶手

（1）将"楼梯"层设置为当前层。

图 8-45　垂直方向的文字标注结果

（2）单击【绘图】面板中的矩形命令按钮 ⬚，绘制一个长为 60，宽为 2 600 的矩形。矩形的第一角点由窗 C-3 中点向下追踪 1 280（图 8-46（a）），第二角点坐标为@ 60，-2 600，绘图结果如图 8-46（b）所示。

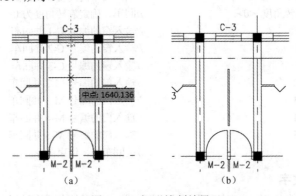

图 8-46　矩形绘制结果

（3）用移动命令将矩形水平向左移动 30。单击【修改】面板中的偏移命令按钮 ⬰，将矩形向外偏移 80，结果如图 8-47 所示。

（4）单击【绘图】面板中的直线命令按钮 ╱，绘制一条直线，运用对象追踪确定起点位置，起点距 A 点向上 440，终点位置用"垂足"捕捉来确定，如图 8-48 所示。

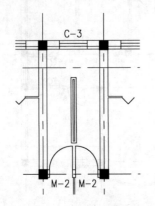

图 8-47　偏移之后的结果

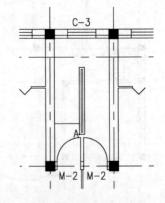

图 8-48　直线绘制结果

（5）单击【修改】面板中的阵列命令按钮 ，将直线阵列 9 行 1 列，行偏移量为 280，结果如图 8-49 所示。

（6）单击【修改】面板中的复制命令按钮 ，将阵列出的 9 条直线水平向右复制，如图 8-50 所示。

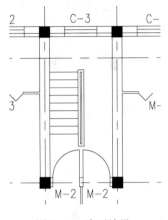

图 8-49　阵列结果

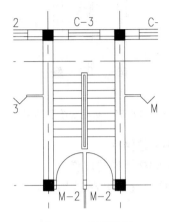

图 8-50　复制结果

（7）设置对象捕捉方式为"最近点"捕捉方式。单击【绘图】面板中的直线命令按钮 ，绘制一条直线，再绘制一段折线，最后再进行修剪，如图 8-51 所示。

2）标注楼梯方向

单击【绘图】面板中的多段线命令按钮，命令行提示：

命令: _pline
指定起点: <对象捕捉 开> <对象捕捉追踪 开>　当前线宽为 0.0000
　　　　　　　　　　　//左侧梯段中点向下追踪合适位置单击左键，确定 A 点（图 8-52）
指定下一个点或 [圆弧(A)/半宽(H)/长度(L)/放弃(U)/宽度(W)]:
　　　　　　　　　　　　　　//向上绘制直线，确定 B 点（图 8-52）
指定下一点或 [圆弧(A)/闭合(C)/半宽(H)/长度(L)/放弃(U)/宽度(W)]:
　　　　　　　　　　　　　　//水平向右绘制直线，确定 C 点（图 8-52）
指定下一点或 [圆弧(A)/闭合(C)/半宽(H)/长度(L)/放弃(U)/宽度(W)]:
　　　　　　　　　　　　　　//向下绘制直线，确定 D 点（图 8-52）
指定下一点或 [圆弧(A)/闭合(C)/半宽(H)/长度(L)/放弃(U)/宽度(W)]: w
　　　　　　　　　　　　　　//输入 W 并回车，选择宽度选项
指定起点宽度 <0.0000>: 100　　//输入 100 并回车，设置箭头的起点线宽
指定端点宽度 <200.0000>: 0　　//输入 0 并回车，设置箭头的端点线宽
指定下一点或 [圆弧(A)/闭合(C)/半宽(H)/长度(L)/放弃(U)/宽度(W)]:300
　　　　　　　　　　　　　　//向下绘制箭头，输入 300 并回车
指定下一点或 [圆弧(A)/闭合(C)/半宽(H)/长度(L)/放弃(U)/宽度(W)]:
　　　　　　　　　　　　　　//按回车键，结束命令

同理，绘制另外一个标注楼梯方向的箭头。

利用单行文字命令标注楼梯的方向，如图 8-52 所示。

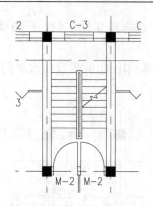

图 8-51　折断线绘制结果

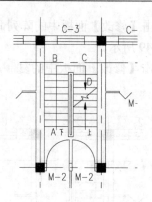

图 8-52　楼梯绘制结果

2．绘制阁楼楼梯

1）确定阁楼楼梯的位置

阁楼楼梯位置如图 8-53 所示。

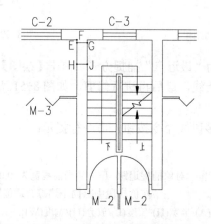

图 8-53　确定阁楼楼梯的位置

（1）关闭"轴线"和"柱子"图层。单击【绘图】面板中的直线命令按钮 ✐，命令行提示：

```
命令: _line
指定第一点:110                        //运用对象捕捉追踪确定点 E（图 8-53），距离点 F 向下 110
指定下一点或 [放弃(U)]:               //运用垂足捕捉绘制直线 EG
指定下一点或 [放弃(U)]:               //按回车键，结束命令
```

（2）单击【修改】面板中的偏移命令按钮 ◱，命令行提示：

```
命令: _offset
当前设置: 删除源=否    图层=源    OFFSETGAPTYPE=0
指定偏移距离或 [通过(T)/删除(E)/图层(L)] <100.0000>:750        //确定 EG 与 HJ 的间距
选择要偏移的对象，或 [退出(E)/放弃(U)] <退出>:                //选择直线 EG
指定要偏移的那一侧上的点，或 [退出(E)/多个(M)/放弃(U)] <退出>:
                                                            //在 EG 的下侧单击鼠标左键
选择要偏移的对象，或 [退出(E)/放弃(U)] <退出>:
                                                            //按回车键，结束命令，如图 8-53 所示
```

2）绘制阁楼楼梯的扶手

（1）单击下拉菜单栏中的【绘图】|【多线】命令，命令行提示：

命令: _mline
当前设置: 对正 = 无，比例 =1.00，样式 = 90
指定起点或 [对正(J)/比例(S)/样式(ST)]: j　　　　//选择"对正"选项
输入对正类型 [上(T)/无(Z)/下(B)] <下>: b　　　　//选择下线对齐方式
当前设置: 对正 = 下，比例 =1.00，样式 = 90
指定起点或 [对正(J)/比例(S)/样式(ST)]:　　　　//捕捉 E 点（图 8-54）
指定下一点: 800　　　　//向左绘制直线 EK，长度为 800
指定下一点或 [放弃(U)]:　　　　//按回车键，结束命令

（2）单击【修改】面板中的复制命令按钮 ，命令行提示：

命令: _copy
选择对象:　　　　//选择多线 EK
指定对角点: 找到 1 个
选择对象:　　　　//按回车键
当前设置: 复制模式 = 多个
指定基点或 [位移(D)/模式(O)] <位移>:　　　　//捕捉多线 EK 的下侧端点
指定第二个点或[阵列(A)] <使用第一个点作为位移>:　　//捕捉 H 点（图 8-54）
指定第二个点或 [阵列(A)/退出(E)/放弃(U)] <退出>:
　　　　//按回车键，结束命令，如图 8-54 所示

3）绘制阁楼楼梯的踏步和折断线

（1）单击【绘图】面板中的直线命令按钮 ，命令行提示：

命令: _line
指定第一点:　　　　//捕捉 K 点（图 8-55）
指定下一点或 [放弃(U)]:　　　　//捕捉 L 点（图 8-55）
指定下一点或 [放弃(U)]:　　　　//按回车键，结束命令

（2）单击【修改】面板中的矩形阵列命令按钮 ，将直线 KL 阵列 1 行 4 列，列偏移量为 250，结果如图 8-55 所示。

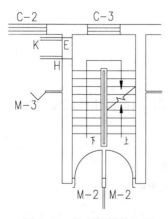

图 8-54　绘制楼梯的扶手

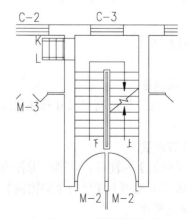

图 8-55　楼梯阵列结果

（3）绘制折断线和标注楼梯方向。

将对象捕捉方式设置为"最近点"捕捉方式。单击【绘图】面板中的直线命令按钮![线], 绘制一条直线，再绘制一段折线，最后进行修剪。

在楼梯的中线位置用多段线绘制一条带箭头的直线，直线一端利用单行文字命令标注楼梯的方向。

4）绘制另外一户的阁楼楼梯

运用镜像命令镜像出另外一户的阁楼楼梯。

单击【修改】面板中的镜像命令按钮![镜像]，根据命令行提示操作如下：

```
命令: _mirror
选择对象: 指定对角点: 找到 15 个          //选择镜像的原对象
选择对象:                               //回车
指定镜像线的第一点: 指定镜像线的第二点:      //选择楼梯间窗 C-3 的中线作为镜像线
是否删除源对象？[是(Y)/否(N)] <N>:       //按回车键，不删除原对象，结束命令
```

绘制结果如图 8-56 所示。

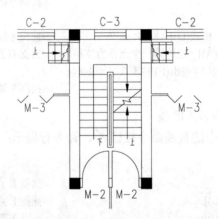

图 8-56   阁楼楼梯绘制结果

注意: Mirrtext 的默认值为 0, 此时文字镜像后仅位置镜像，写法和排序不变; 当该值改为 1 时，镜像后文本变为反写和倒排。

8.7   标注尺寸

1. 环境设置

打开"轴线"层，将"尺寸标注"层设置为当前层，当前标注样式设置为"建筑"标注样式。

2. 参数设置

检查【建筑】标注样式对话框中各项设置是否正确。

在【调整】选项卡【使用全局比例】文本框中输入 100。

3. 标注尺寸

（1）标注细部尺寸。单击【注释】选项卡【标注】面板中的线性命令按钮![线性]，命令行

提示：

命令：_dimlinear
指定第一条尺寸界线原点或 <选择对象>:　　　　　　//捕捉 M 点（图 8-57）
指定第二条尺寸界线原点:　　　　　　　　　　　//捕捉 N 点（图 8-57）
指定尺寸线位置或
[多行文字(M)/文字(T)/角度(A)/水平(H)/垂直(V)/旋转(R)]:　//在适当位置单击左键确定
标注文字 =900

单击【注释】选项卡【标注】面板中的连续命令按钮 ，根据命令行提示依次选择 O、P 点，结果如图 8-57 所示。同样，运用连续命令标注出其他的细部尺寸。

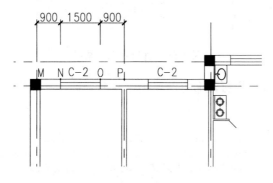

图 8-57　细部尺寸标注结果

（2）标注轴线尺寸。单击【注释】选项卡【标注】面板中的线性命令按钮 ，命令行提示：

命令：_dimlinear
指定第一条尺寸界线原点或 <选择对象>:　　　　　　//捕捉 M 点（图 8-57）
指定第二条尺寸界线原点:　　　　　　　　　　　//捕捉 P 点（图 8-57）
指定尺寸线位置或
[多行文字(M)/文字(T)/角度(A)/水平(H)/垂直(V)/旋转(R)]:
　　　　　　　　　　　　　　　//在第一道尺寸标注外侧适当位置单击左键确定
标注文字 =3300

（3）单击【注释】选项卡【标注】面板中的连续命令按钮 ，根据命令行提示依次选择轴线与墙体的交点，结果如图 8-58 所示。

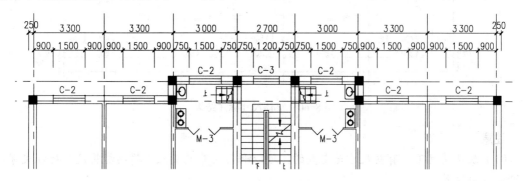

图 8-58　轴线尺寸标注结果

（4）利用【线性】标注命令标注总尺寸，结果如图 8-59 所示。

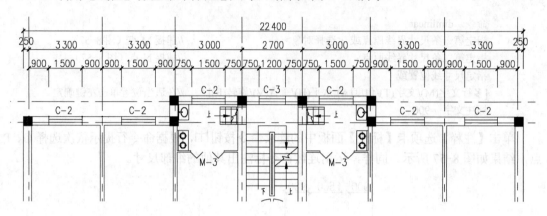

图 8-59　总尺寸标注结果

（5）同样，利用【线性】标注命令及连续标注命令标注其他的尺寸线，并对轴线进行调整。结果如图 8-60 所示。

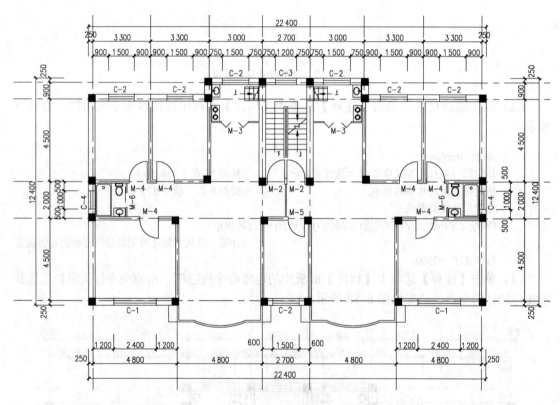

图 8-60　整体尺寸标注结果

注意：

（1）默认情况下，有些尺寸是重叠的，可以利用对象的夹点编辑功能将尺寸标注文字移动到合适的位置。

（2）修剪轴线时，可将"轴线"层之外的其他层锁定，利用打断命令和拉伸命令调整。

4．标注轴号

（1）打开所有锁定的图层。单击【默认】选项卡【绘图】面板中的圆命令按钮◎，在绘图区的任一空白位置绘制一个直径为 800 的圆。

（2）在命令行中输入单行文字命令 TEXT，回车后命令行提示：

命令: text
当前文字样式: "数字"　当前文字高度: 500.0000　注释性: 否　对正:　左
指定文字的起点或 [对正(J)/样式(S)]: j　　　　//输入 J 并回车，选择"对正"选项
输入选项
[对齐(A)/布满(F)/居中(C)/中间(M)/右对齐(R)/左上(TL)/中上(TC)/右上(TR)/左中(ML)/正中(MC)/右中(MR)/左下(BL)/中下(BC)/右下(BR)]: mc
　　　　　　　　　　　　　　　　　　　//输入 MC 并回车，选择"正中"对齐方式
指定文字的中间点: <对象捕捉 开>　　　　//打开对象捕捉，并设置"圆心"捕捉方式
指定文字的中间点:　　　　　　　　　　//捕捉圆的圆心
指定高度 <500.0000>:　　　　　　　　//输入 500 并回车
指定文字的旋转角度 <0>:　　　　　　　//按回车键
输入文字:1　　　　　　　　　　　　　//输入文字 1 并回车
输入文字:　　　　　　　　　　　　　　//按回车键

（3）单击【修改】面板中的移动命令按钮✛，运用"象限点"捕捉和"端点"捕捉，将轴号"1"移动到如图 8-61 所示的位置。

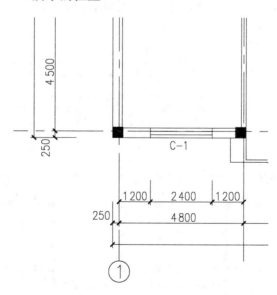

图 8-61　移动后的结果

（4）单击【修改】面板中的复制命令按钮❀，运用多重复制将轴号"1"复制到其他的位置，如图 8-62 所示。

（5）在命令行中输入文字编辑命令 DDEDIT 并回车，依次选择需要修改的轴号，将其修改成正确的轴编号。结果如图 8-63 所示。

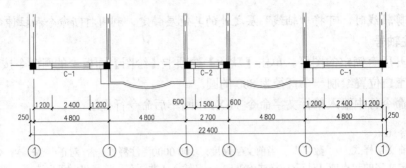

图 8-62　复制后的结果

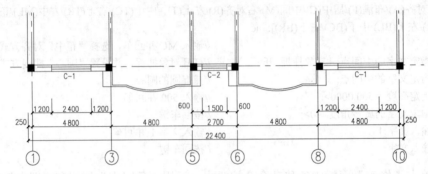

图 8-63　修改后的结果

（6）同样操作，可以绘制出其他的轴号，结果如图 8-64 所示。

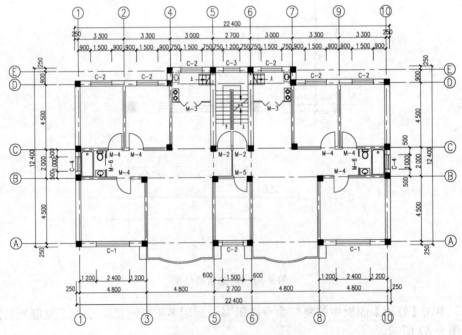

图 8-64　尺寸标注结果

5. 标注文字

运用单行文字命令写图名"二层平面图"，文字样式为"汉字"，高度为 700；再运用单

行文字命令写比例 "1:100"，文字样式为 "数字"，高度为 600。调整图形在图框中的位置，如图 8-1 所示。

6. 保存文件

单击快速访问工具栏中的保存命令按钮 🖫 保存文件。

绘制该平面图还有其他的快捷方法，仔细观察可以看出，该平面图是左右对称图形。所以，只要绘制出一侧的图形，另外一侧的图形可以用镜像命令来完成。

8.8　打印输出

打印输出与图形的绘制、修改和编辑等过程同等重要，只有将设计的成果打印输出到图纸上，才算完成了整个绘图过程。

在打印输出之前，首先需要配置好图形输出设备。目前，图形输出设备很多，常见的有打印机和绘图仪两种，但目前打印机和绘图仪都趋向于激光和喷墨输出，已经没有明显的区别，因此，在 AutoCAD 2016 中，将图形输出设备统称为绘图仪。一般情况下，使用系统默认的绘图仪即可打印出图。如果系统默认的绘图仪不能满足用户需要，可以添加新的绘图仪。

下面讲述在模型空间打印本章所绘建筑平面图的方法。具体操作步骤如下。

1. 打开文件

打开前面保存的 "建筑平面图.dwg" 为当前图形文件。

2. 执行打印命令

单击快速访问工具栏中的打印命令按钮 🖨，弹出【打印-模型】对话框，如图 8-65 所示。

图 8-65　【打印-模型】对话框

3．参数设置

在【打印-模型】对话框中的【打印机/绘图仪】选项区域中的【名称】下拉列表框中选择系统所使用的绘图仪类型，本例中选择"DWF6 ePlot.pc3"型号的绘图仪作为当前绘图仪。

1）修改图纸的可打印区域

（1）单击【名称】下拉列表框中"DWF6 ePlot.pc3"绘图仪右面的【特性】按钮，在弹出的【绘图仪配置编辑器-DWF6 ePlot.pc3】对话框中激活【设备和文档设置】目录下的【修改标准图纸尺寸（可打印区域）】选项，打开如图 8-66 所示的【修改标准图纸尺寸】选项区域。

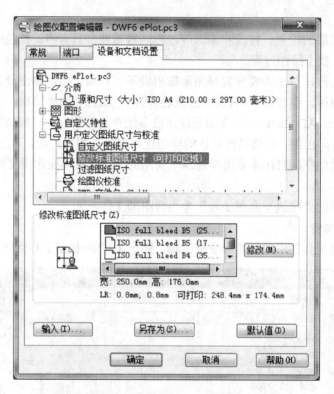

图 8-66　【绘图仪配置编辑器-DWF6 ePlot.pc3】对话框

（2）在【修改标准图纸尺寸】选项区域内单击微调按钮，选择"ISO A3（420×297）"图幅，如图 8-67 所示。

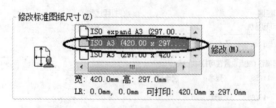

图 8-67　【修改标准图纸尺寸】选项区域

（3）单击此选项区域右侧的【修改】按钮，在打开的【自定义图纸尺寸-可打印区域】对话框中，将"上""下""左""右"的数字设为"0"，如图 8-68 所示。

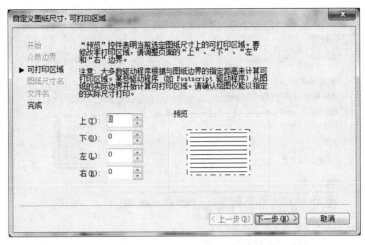

图 8-68　修改标准图纸的可打印区域

（4）单击【下一步】按钮，在打开的【自定义图纸尺寸-完成】对话框中，列出了修改后的标准图纸的尺寸，如图 8-69 所示。

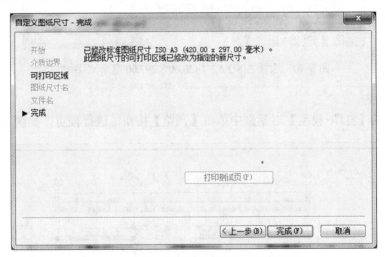

图 8-69　【自定义图纸尺寸-完成】对话框

（5）单击【自定义图纸尺寸-完成】对话框中的【完成】按钮，系统返回到【绘图仪配置编辑器-DWF6 ePlot.pc3】对话框。

（6）单击对话框中的【另存为】按钮，在弹出的【另存为】对话框中，将修改后的绘图仪另名保存为"DWF6 ePlot-（A3-H）"。

（7）单击【绘图仪配置编辑器-DWF6 ePlot.pc3】对话框中的【确定】按钮，返回到【打印-模型】对话框。

（8）在【图纸尺寸】选项区域中的"图纸尺寸"下拉列表框内选择"ISO A3（420.00×297.00 毫米）"图纸尺寸，如图 8-70 所示。

2）在【打印-模型】对话框中进行其他方面的页面设置

（1）在【打印比例】选项区域内勾选【布满图纸】复选框。

（2）在【打印区域】组合框的【打印范围】下拉列表框中选择"图形界限"。

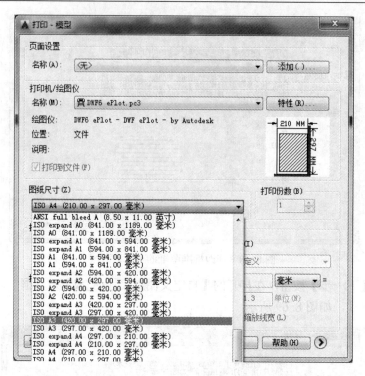

图 8-70　选择"ISO A3（420.00×297.00 毫米）"图纸

4. 打印预览

在设置完的【打印-模型】对话框中单击【预览】按钮，进行预览，如图 8-71 所示。

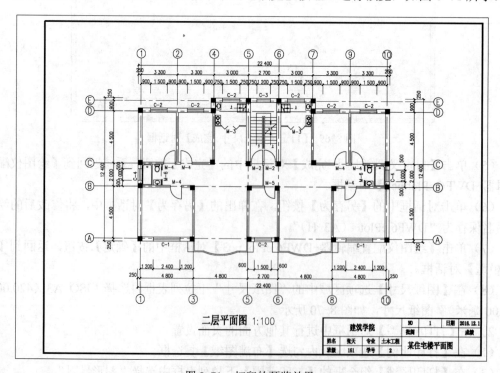

图 8-71　打印的预览效果

5. 打印输出

如对预览结果满意，就可以单击预览状态下工具栏中的打印图标 🖶 进行打印输出。

实例小结： 本章主要讲述了某住宅楼的二层平面图的整个绘制过程。墙体用多线命令绘制，并用多线编辑命令修改。修改"T"字型相交的墙体时应注意选择墙体的顺序。门和窗先制作成块，再插入。如果在其他的图形中需要多次用到门块和窗块，可以用"wblock"命令将其定义成外部块，再用"插入块"命令插入到当前图形中。楼梯用直线、矩形、偏移、阵列等命令绘制。本章的最后一节叙述了图形的打印输出知识。

8.9　思考与练习

1. 思考题

（1）绘制一张完整的建筑平面图有哪几个步骤？

（2）用多线命令绘制墙体之前，如何设置多线样式？

（3）门和窗图形块在创建和插入时对图层有何要求？

（4）建筑图尺寸标注一般应修改哪些设置？

2. 绘图题

绘制如图 8-72 所示的办公楼二层平面图。

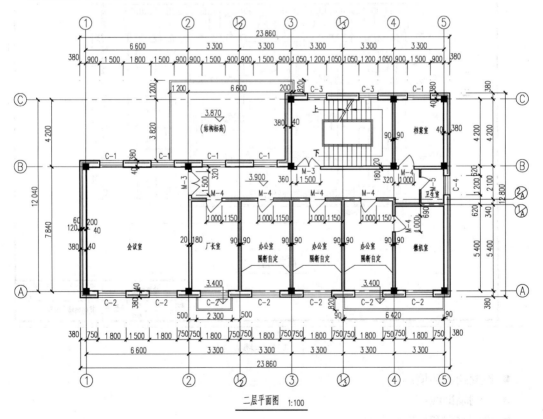

图 8-72　办公楼二层平面图

第9章 建筑立面图实例

建筑立面图主要表现建筑物的立面及建筑外形轮廓。如房屋的总高度、檐口、屋顶的形状及大小等，还表示墙面、屋顶等各部分使用的建筑材料做法等。同时也表示门、窗的式样，室外台阶、雨篷、雨水管的形状及位置等。

用 AutoCAD 绘制建筑立面图，通常先根据轴线尺寸画出竖向辅助线，依据标高确定水平辅助线，再根据辅助线绘制立面图。但对立面图本身，没有十分固定的绘制方法，绘图过程随建筑立面图的复杂程度和绘制者的绘图习惯而不同。

本章将以图 9-1 所示的某住宅楼立面图为例，详细讲述建筑立面图的绘制过程及方法。本章涉及的命令主要有：偏移、复制、阵列、填充、块及块属性的定义和块插入等。绘制过程如下。

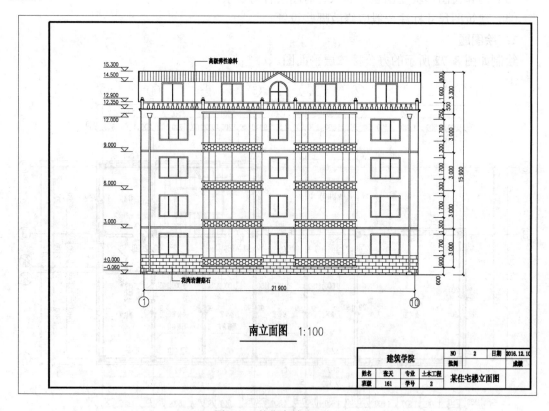

图 9-1　某住宅楼立面图

- 设置绘图环境；
- 绘制辅助线；
- 绘制底层和标准层立面；

- 绘制阁楼立面；
- 立面标注；
- 打印输出。

9.1　设置绘图环境

1．使用样板创建新图形文件

单击快速访问工具栏中的新建命令按钮□，弹出【选择样板】对话框。从【查找范围】下拉列表框和【名称】列表框选择第 7 章建立的样板文件"建筑图模板.dwt"所在的路径并选中该文件，单击【打开】按钮，进入 AutoCAD 2016 绘图界面。

2．设置绘图区域

单击下拉菜单栏中的【格式】|【图形界限】命令，命令行提示如下：

```
命令: '_limits
重新设置模型空间界限:
指定左下角点或 [开(ON)/关(OFF)] <0.0000,0.0000>:     //回车默认左下角坐标为"0,0"
指定右上角点 <420.0000,297.0000>: 42000,29700     //指定右上角坐标为"42000,29700"
```

3．显示全部作图区域

单击【视图】选项卡【导航】面板上的范围缩放命令按钮🔍 范围 ·右侧的下三角号，选择全部缩放命令按钮🔍 全部，显示全部作图区域。

4．绘制图框和标题栏

（1）将"标题栏"层设置为当前层。

（2）绘制图幅线。单击【绘图】面板中的矩形命令按钮□，命令行提示：

```
命令: _rectang
指定第一个角点或 [倒角(C)/标高(E)/圆角(F)/厚度(T)/宽度(W)]: 0,0
                              //输入"0，0"并回车，确定矩形第一个角点
指定另一个角点或 [尺寸(D)]: 42000,29700
                              //输入"42000，29700"并回车，确定矩形另一个角点
```

（3）绘制图框线。

```
命令: RECTANG                  //回车，输入上一次的矩形命令
指定第一个角点或 [倒角(C)/标高(E)/圆角(F)/厚度(T)/宽度(W)]: 2500,500
                              //输入"2500，500"并回车
指定另一个角点或 [面积(A)/尺寸(D)/旋转(R)]: 41500,29200
                              //输入"41500，29200"并回车
```

（4）修改图框线的线宽为 1.0。

（5）插入标题栏。单击【块】面板中的插入块命令按钮💷，选择【更多选项】，弹出【插入】对话框，如图 8-3 所示。从名称下拉列表框中选择"标题栏"；比例选项区域选中"统一比例"复选框，并设置为"100"；"插入点"选项区域选中"在屏幕上指定"复选框，单击【确定】按钮，选择图框线的右下角为插入基点单击鼠标左键，弹出【编辑属性】对话框，

如图 9-2 所示，依次输入属性值，单击【确定】按钮。块插入结果如图 9-3 所示。

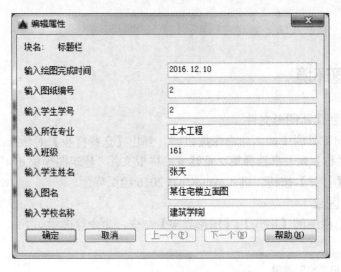

图 9-2　【编辑属性】对话框

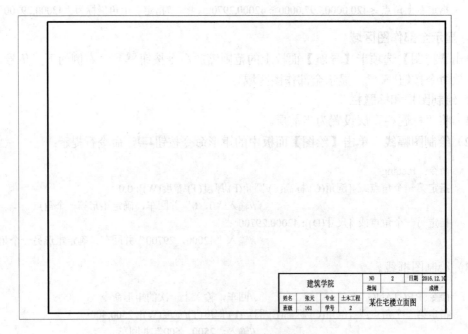

建筑学院		NO	2	日期	2016.12.10
		批阅			成绩
姓名	张天	专业	土木工程	某住宅楼立面图
班级	161	学号	2	

图 9-3　图框线及标题栏绘制结果

注意：在实际绘图时，块的属性值中的各项参数应根据实际情况设置或修改。

5．修改图层

（1）单击【图层】面板中的图层特性按钮 ，弹出【图层特性管理器】对话框，单击新建图层按钮 ，新建 2 个图层：辅助线、立面。

（2）设置颜色。单击"辅助线"层对应的颜色图标，设置该层颜色为红色。

（3）设置线型。将"辅助线"层的线型设置为"CENTER2"，"立面"层的线型保留默认的"Continuous"实线型。

（4）单击【确定】按钮，返回到 AutoCAD 作图界面。

注意：本例在第 7 章所创建的样板"建筑图模板.dwt"的基础上增加 2 个图层，在绘图时可根据需要决定图层的数量及相应的颜色与线型。

6．设置线型比例

在命令行输入线型比例命令 LTS 并回车，将全局比例因子设置为 100。

注意：在扩大了图形界限的情况下，为使点画线能正常显示，须将全局比例因子按比例放大。

7．设置文字样式和标注样式

（1）本例使用"建筑图模板.dwt"中的文字样式，"汉字"样式采用"仿宋"字体，宽度比例设为 0.8，"数字"样式采用"Simplex.shx"字体，宽度比例设为 0.8，用于书写数字及特殊字符。

（2）单击【默认】选项卡【注释】面板中的【标注样式】命令按钮 ，弹出【标注样式管理器】对话框，选择"建筑"标注样式，然后单击【修改】按钮，弹出【修改标注样式：建筑】对话框，将【线】选项卡【尺寸界线】选项区域中的"固定长度的尺寸界线"复选框选中，设长度为 8；将【调整】选项卡中【标注特征比例】中的"使用全局比例"修改为 100。然后单击【确定】按钮，退出【修改标注样式：建筑】对话框，再单击【标注样式管理器】对话框中的【关闭】按钮，完成标注样式的设置。

8．完成设置并保存文件

利用【图层】面板中的图层列表框，如图 8-6 所示，关闭"标题栏"图层，然后单击快速访问工具栏中的保存命令按钮 ，打开【图形另存为】对话框。输入文件名称"住宅南立面图"，单击【图形另存为】对话框中的【保存】命令按钮保存文件。

至此，绘图环境的设置已基本完成，这些设置对于绘制一幅高质量的工程图纸而言非常重要。

9.2　绘制辅助线

辅助线用来在绘图时对图形准确定位，其绘制步骤如下。

（1）打开 9.1 节中已存盘的"住宅南立面图.dwg"文件，进入 AutoCAD 2016 的绘图界面。

（2）将"辅助线"层设置为当前层。单击状态栏中的【正交模式】按钮，打开正交状态。

（3）通过单击【绘图】面板中的直线命令按钮 ，执行直线命令，在图幅内适当的位置绘制水平基准线和竖直基准线。

（4）按照图 9-4 和图 9-5 所示的尺寸，利用偏移命令，绘制出全部辅助线。

绘制完成的辅助线如图 9-6 所示。

图 9-4　水平辅助线间距

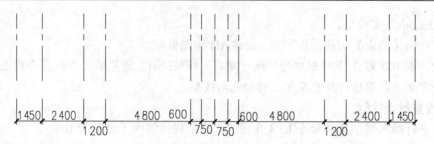

图 9-5   竖直辅助线间距

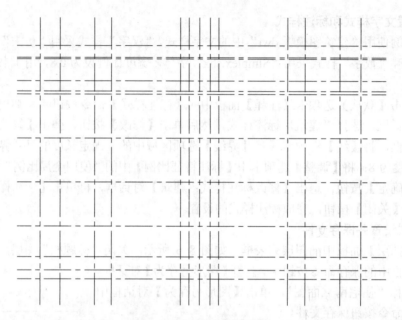

图 9-6   绘制完成的辅助线

注意： 竖直方向辅助线也可利用已完成的平面图来绘制。先将平面图以块的方式插入到当前图形中，然后利用其轴线和边界线或其他特征点完成竖直辅助线的绘制。

9.3 绘制底层和标准层立面

9.3.1 绘制底层和标准层的轮廓线

1．设置绘图环境

将"立面"图层设为当前层，单击状态栏中的【对象捕捉】按钮，打开对象捕捉方式，然后设置捕捉方式为"端点""中点""圆心""交点""范围"方式。

2．绘制地平线

单击【绘图】面板中的多段线命令按钮，命令行提示如下：

命令：_pline

指定起点：   //捕捉水平基准线的左端点 A（图 9-7）

当前线宽为 0.0000
指定下一个点或 [圆弧(A)/半宽(H)/长度(L)/放弃(U)/宽度(W)]: w　//输入 w 并回车设置线宽
指定起点宽度 <0.0000>:30　　　　　　　　　　　//设置起点线宽为 30
指定端点宽度 <0.5000>: 30　　　　　　　　　　//设置端点线宽为 30
指定下一个点或 [圆弧(A)/半宽(H)/长度(L)/放弃(U)/宽度(W)]:
　　　　　　　　　　　　　　　　　//捕捉水平基准线的右端点 D（图 9-7）
指定下一点或 [圆弧(A)/闭合(C)/半宽(H)/长度(L)/放弃(U)/宽度(W)]: //空格键结束命令

3. 绘制底层和标准层的轮廓线

空格键重复多段线命令，命令行提示如下：

命令:
PLINE
指定起点:　　　　　　　　　　　　　//捕捉辅助线的左下角端点 B（图 9-7）
当前线宽为 30.0000
指定下一个点或 [圆弧(A)/半宽(H)/长度(L)/放弃(U)/宽度(W)]:
　　　　　　　　　　　　　　　//捕捉辅助线左上方相应交点 E（图 9-7）
指定下一点或 [圆弧(A)/闭合(C)/半宽(H)/长度(L)/放弃(U)/宽度(W)]:
　　　　　　　　　　　　　　　//捕捉辅助线右上方相应交点 F（图 9-7）
指定下一点或 [圆弧(A)/闭合(C)/半宽(H)/长度(L)/放弃(U)/宽度(W)]:
　　　　　　　　　　　　　　　//捕捉辅助线右下方相应交点 C（图 9-7）
指定下一点或 [圆弧(A)/闭合(C)/半宽(H)/长度(L)/放弃(U)/宽度(W)]:
　　　　　　　　　　　　　　　　//空格键结束命令

绘制好的底层和标准层轮廓线如图 9-7 所示。

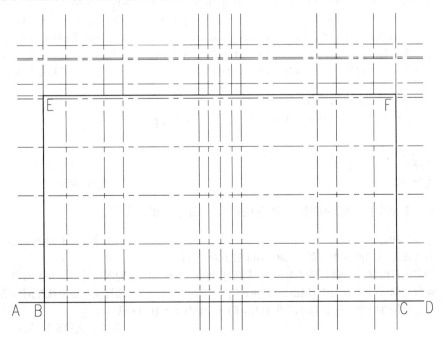

图 9-7　绘制好的地平线、底层和标准层轮廓线

9.3.2   绘制底层和标准层的窗

窗户是立面图上的重要图形对象，在绘制窗之前，先观察一下这栋建筑物上一共有多少种窗户，在 AutoCAD 2016 作图的过程中，每种窗户只需作出一个，其余都可以利用 AutoCAD 2016 的复制命令或阵列命令来实现。

绘制窗户的步骤如下。

1. 设置绘图环境

将"立面"层设为当前层，同时将状态栏中的【对象捕捉】按钮打开，增加"垂足"捕捉方式。

2. 绘制底层最左面的窗

（1）单击【绘图】面板中的矩形命令按钮 ▭，绘制窗户的外轮廓线，命令行提示如下：

命令：_rectang
指定第一个角点或 [倒角(C)/标高(E)/圆角(F)/厚度(T)/宽度(W)]:
                                //捕捉辅助线上窗左下角点的位置 G（图 9-8）
指定另一个角点或 [面积(A)/尺寸(D)/旋转(R)]: @2400,1700
                                //输入窗外轮廓线右上角的相对坐标

（2）单击【修改】面板中的偏移命令按钮 ◱，绘制内轮廓线，命令行提示如下：

命令：_offset
当前设置: 删除源=否   图层=源   OFFSETGAPTYPE=0
指定偏移距离或 [通过(T)/删除(E)/图层(L)] <1450>:   <对象捕捉 关> 80
                           //关闭对象捕捉，输入偏移距离 80 并回车
选择要偏移的对象，或 [退出(E)/放弃(U)] <退出>:   //选择窗外轮廓线 HIJG（图 9-8）
指定要偏移的那一侧上的点，或 [退出(E)/多个(M)/放弃(U)] <退出>:   //在窗内侧单击
选择要偏移的对象，或 [退出(E)/放弃(U)] <退出>:   //空格键结束命令

（3）利用已知尺寸绘制窗扇。

① 单击【修改】面板中的分解命令按钮 ⬚，命令行提示如下：

命令：_explode
选择对象: 找到 1 个   //选择窗的内轮廓线
选择对象: //空格键结束命令

② 单击【修改】面板中的偏移命令按钮 ◱，命令行提示如下：

命令：_offset   //单击【修改】面板中的偏移图标
当前设置: 删除源=否   图层=源   OFFSETGAPTYPE=0
指定偏移距离或 [通过(T)/删除(E)/图层(L)] <80>: 695   //输入偏移距离 695 回车
选择要偏移的对象，或 [退出(E)/放弃(U)] <退出>:   //选择窗内轮廓线左侧线条
指定要偏移的那一侧上的点，或 [退出(E)/多个(M)/放弃(U)] <退出>:
                           // 在窗内侧单击偏移出 LM（图 9-8）
选择要偏移的对象，或 [退出(E)/放弃(U)] <退出>:   //选择窗内轮廓线右侧线条
指定要偏移的那一侧上的点，或 [退出(E)/多个(M)/放弃(U)] <退出>:
                           // 在窗内侧单击偏移出 NO（图 9-8）

选择要偏移的对象，或 [退出(E)/放弃(U)] <退出>:　　　　　//空格键结束命令

③ 空格键重复偏移命令，命令行提示如下：

命令: OFFSET
当前设置: 删除源=否　　图层=源　　OFFSETGAPTYPE=0
指定偏移距离或 [通过(T)/删除(E)/图层(L)] <695>:　　50　　　// 输入偏移距离 50 回车
选择要偏移的对象，或 [退出(E)/放弃(U)] <退出>:　　　　　//选择窗扇的左窗框线 LM（图 9-8）
指定要偏移的那一侧上的点，或 [退出(E)/多个(M)/放弃(U)] <退出>:　　　　//在右侧单击
选择要偏移的对象，或 [退出(E)/放弃(U)] <退出>:　　　　　//选择窗扇的右窗框线 NO（图 9-8）
指定要偏移的那一侧上的点，或 [退出(E)/多个(M)/放弃(U)] <退出>:　　　　//在左侧单击
选择要偏移的对象，或 [退出(E)/放弃(U)] <退出>:　　　　　//空格键结束命令

绘制完底层最左侧的窗如图 9-8 所示。

3．绘制中间的小窗

用和以上相同的方法，绘制出中间的小窗，中间小窗的尺寸如图 9-9 所示，绘制完成后如图 9-10 所示。具体的步骤就不再赘述了。

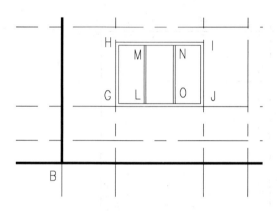

图 9-8　绘制好的底层最左侧的窗

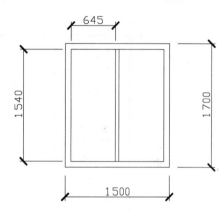

图 9-9　中间小窗的尺寸

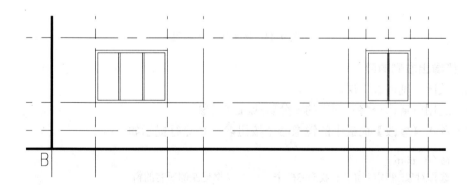

图 9-10　绘制完成中间小窗的结果

4．阵列出立面图中各层左侧的窗和中间的小窗

单击【修改】面板中的阵列命令按钮 ⊞，根据命令行提示操作如下。

命令: _arrayrect

选择对象: 指定对角点: 找到 22 个   //框选前面绘制的两个窗

选择对象: //回车

类型 = 矩形   关联 = 是

选择夹点以编辑阵列或 [关联(AS)/基点(B)/计数(COU)/间距(S)/列数(COL)/行数(R)/层数(L)/退出

(X)] <退出>: r   //输入 R 并回车,选择"行数"选项

输入行数数或 [表达式(E)] <3>: 4   //输入 4 并回车,设置 4 行

指定 行数 之间的距离或 [总计(T)/表达式(E)] <555.0000>: 3000

     //输入 3000 并回车,设置行间距为 3000

指定 行数 之间的标高增量或 [表达式(E)] <0.0000>:   //回车

选择夹点以编辑阵列或 [关联(AS)/基点(B)/计数(COU)/间距(S)/列数(COL)/行数(R)/层数(L)/退出

(X)] <退出>: COL   //输入 COL 并回车,选择"列数"选项

输入列数数或 [表达式(E)] <4>: 1   //输入 1 并回车,设置 1 列

指定 列数 之间的距离或 [总计(T)/表达式(E)] <2250.0000>:   //回车

选择夹点以编辑阵列或 [关联(AS)/基点(B)/计数(COU)/间距(S)/列数(COL)/行数(R)/层数(L)/退出

(X)] <退出>:   //回车

结果如图 9-11 所示。

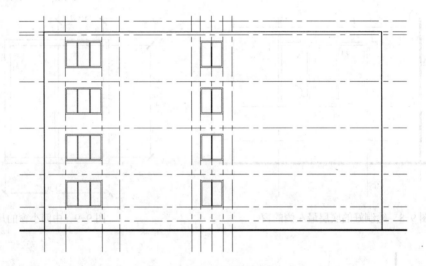

图 9-11   阵列窗后的结果

5. 镜像出右侧的窗

(1)关闭"辅助线"层。

(2)运用分解命令将阵列出的窗分解成独立对象。

(3)单击【修改】面板中的镜像命令按钮，命令行提示如下:

命令: _mirror

选择对象: 指定对角点: 找到 36 个   //框选左侧所有的窗

选择对象: //回车

指定镜像线的第一点: //捕捉轮廓线顶边线的中点作为镜像线第一点

指定镜像线的第二点: //捕捉轮廓线底边垂足作为镜像线第二点

要删除源对象吗? [是(Y)/否(N)] <N>:   //回车,不删除原对象

绘制完成后打开"辅助线"层,此时立面图如图 9-12 所示。

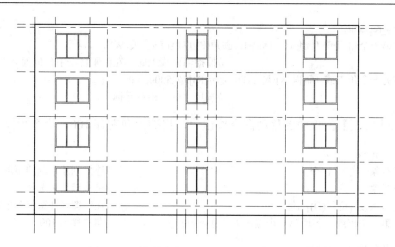

图 9-12　绘制完底层和标准层窗后的立面图

注意：在立面图中，也可以采用另外一种方法绘制窗户。由于窗户都应符合国家标准，所以可以提前绘制一些一定模数的窗户，然后按照前面章节讲述的方法保存成图块，在需要的时候直接插入即可。

9.3.3　绘制阳台

在本章的立面图中，底层和标准层的阳台样式相同，分布也十分规则，所以可以先绘制出一个阳台，然后采用阵列和复制命令把阳台安排到合适的位置。

首先我们绘制出一个阳台，其尺寸如图 9-13 所示，绘制步骤如下。

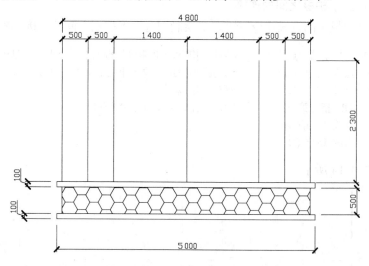

图 9-13　阳台的尺寸

1．设置绘图环境

将"立面"层设为当前层。打开正交方式，选择"端点"和"中点"对象捕捉方式。

2．绘制阳台的下侧护板

（1）单击【绘图】面板中的矩形命令按钮，绘制下护板，命令行提示如下：

命令: _rectang

指定第一个角点或 [倒角(C)/标高(E)/圆角(F)/厚度(T)/宽度(W)]:

　　　　　　　　//捕捉辅助线上底层左侧阳台左下角位置 P（图 9-14）

指定另一个角点或 [面积(A)/尺寸(D)/旋转(R)]: @5000,100

　　　　　　　　//按尺寸输入相对坐标

（2）单击【修改】面板中的移动命令按钮✛，将护板向左移 100，命令行提示如下：

命令: _move

选择对象: 找到 1 个　　　　　　　　　　　　　　//选择刚才绘制的矩形

选择对象:　　　　　　　　　　　　　　　　　　//空格键结束选择

指定基点或 [位移(D)] <位移>:　　　　　　　　//在绘图区任意位置单击

指定第二个点或 <使用第一个点作为位移>:100　　//向左移动 100

3. 绘制阳台的上侧护板

单击【修改】面板中的复制命令按钮❤️，复制下护板并移动到相应位置，绘制出阳台的上侧护板，命令行提示如下：

命令: _copy

选择对象: 找到 1 个　　　　　　　　　　　　　//选择刚才绘制的下侧护板

选择对象:　　　　　　　　　　　　　　　　　　//空格键结束选择

当前设置: 复制模式 = 多个

指定基点或 [位移(D) /模式(O)] <位移>:　　　　//在任意位置单击

指定第二个点或[阵列(A)] <使用第一个点作为位移>: 600　//向上 600

指定第二个点或 [阵列(A)退出(E)/放弃(U)] <退出>:　　//空格键退出命令

4. 绘制阳台上下护板之间的连接

单击【绘图】面板中的直线命令按钮✏️，绘制阳台上下护板之间的连接，命令行提示如下：

命令: _line 指定第一点:　　//捕捉到辅助线和阳台护板的左下交点 Q（图 9-14）

指定下一点或 [放弃(U)]:　　//捕捉到辅助线和阳台护板的对应左上交点 R（图 9-14）

指定下一点或 [放弃(U)]:　　//空格键结束选择

命令: LINE 指定第一点:　　//与上类似，绘制右侧的连接

指定下一点或 [放弃(U)]:

指定下一点或 [放弃(U)]:

完成后如图 9-14 所示。

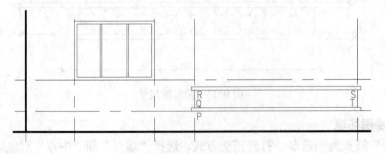

图 9-14　绘制完成的阳台上下护板

5．绘制阳台的装饰铁艺

（1）单击【绘图】面板中的填充命令按钮 ，根据命令行提示输入 T 并回车，弹出【图案填充和渐变色】对话框。

（2）选择【图案填充】复选框中的"HONEY"样例，比例设置为 50。

（3）单击【添加：拾取点】按钮，返回到绘图界面，在上下护板及连接线 QRST 内单击，指定填充区域，然后按空格键返回到【图案填充和渐变色】对话框，如图 9-15 所示。

图 9-15 【图案填充和渐变色】对话框

（4）单击【确定】按钮即完成阳台装饰铁艺的绘制，如图 9-16 所示。

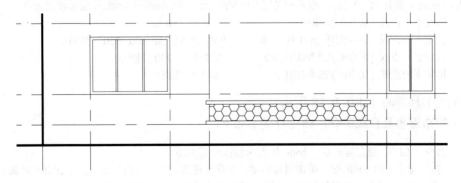

图 9-16 阳台装饰铁艺绘制完后的效果

6. 绘制阳台窗玻璃上的分隔线

用直线命令和偏移命令绘制阳台窗玻璃上的分隔线。作法简单，不再赘述。完成后的单个阳台效果见前面的图 9-13。

7. 绘制其他阳台

使用阵列和复制命令绘制其他阳台。与前述窗的阵列与复制方法一致，但阵列完成后应补画四层阳台的屋顶，然后再复制。关闭"辅助线"层，此时的立面图如图 9-17 所示。

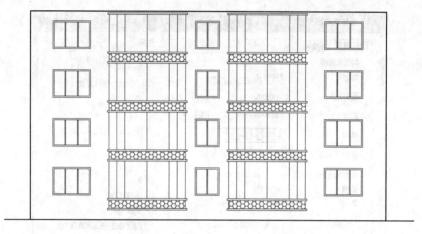

图 9-17 绘制完成阳台后的立面图

9.3.4 绘制雨水管

雨水管是用来排放屋顶积水的管道，雨水管的上部是梯形漏斗，下面是一个细长的管道，底部有一个矩形的集水器。雨水管的绘制步骤如下。

1. 绘制左侧的雨水管

（1）将"立面"层设为当前层，关闭"辅助线"层。设置对象捕捉方式为"端点""中点""交点"捕捉方式。

（2）单击【绘图】面板中的直线命令按钮 ∕ ，命令行提示如下：

命令: _line 指定第一点: _from 基点: <偏移>: @500,-200

//按住键盘上的 Shift 键，然后单击鼠标右键，选择快捷菜单中"自"命令，捕捉到底层和标准层轮廓线的左上角 E（图 9-18），输入相对坐标@500,-200，回车确定梯形漏斗顶边线的起点。

指定下一点或 [放弃(U)]: 400   //向右画 400 长
指定下一点或 [放弃(U)]: @-100,-350   //输入坐标"@-100,-350"并回车
指定下一点或 [闭合(C)/放弃(U)]:200   //向左输入 200 并回车
指定下一点或 [闭合(C)/放弃(U)]: c   //输入 C 并回车

绘制完的梯形漏斗如图 9-18 所示。

（3）空格键重复直线命令，命令行提示如下：

命令: LINE 指定第一点: _from 基点: <偏移>: @50,0

//按住键盘上的 Shift 键，单击鼠标右键，选择快捷菜单中的"自"命令，捕捉到梯形漏斗的左下角 U（图 9-19），输入相对坐标@50,0 回车，确定雨水管左边线的顶端位置

指定下一点或 [放弃(U)]: 12050　　　　　　　//向下画 12050
指定下一点或 [放弃(U)]:　　　　　　　　　//回车退出直线命令

（4）单击【修改】面板中偏移命令按钮，命令行相应提示如下：

命令: _offset
当前设置: 删除源=否　图层=源　OFFSETGAPTYPE=0
指定偏移距离或 [通过(T)/删除(E)/图层(L)] <通过>:　100
　　　　　　　　　　　　　//输入偏移距离 100 回车
选择要偏移的对象，或 [退出(E)/放弃(U)] <退出>:
　　　　　　　　　　//选中雨水管左边线 UV（图 9-19）
指定要偏移的那一侧上的点，或 [退出(E)/多个(M)/放弃(U)] <退出>:
　　　　　　　　　　　　　//在右侧单击
选择要偏移的对象，或 [退出(E)/放弃(U)] <退出>:

绘制完的雨水管干管如图 9-19 所示。

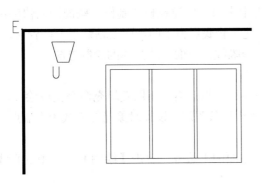

图 9-18　绘制完的梯形

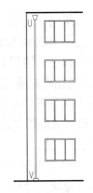

图 9-19　绘制完的雨水管干管

（5）单击【绘图】面板中的矩形命令按钮，命令行提示如下：

命令: _rectang
指定第一个角点或 [倒角(C)/标高(E)/圆角(F)/厚度(T)/宽度(W)]: _from 基点: <偏移>: @-150,0
//按住键盘上的 Shift 键，然后单击鼠标右键，选择快捷菜单中的"自"命令，捕捉到雨水管干管
左下角 V（图 9-19），输入相对坐标@-150,0，回车，确定底部矩形集水器的左上角位置
指定另一个角点或 [面积(A)/尺寸(D)/旋转(R)]: @400,-200
//由相对坐标@400,-200 确定集水器的右下角位置，完成左侧雨水管的绘制

2. 利用镜像命令绘制出右侧的雨水管

单击【修改】面板中的镜像命令按钮，命令行相应提示如下：

命令: _mirror
选择对象: 指定对角点: 找到 7 个　　　//框选左侧雨水管
选择对象:　　　　　　　　　　　　//回车
指定镜像线的第一点:　　　　　　　//捕捉轮廓线顶边中点为镜像线的第一点
指定镜像线的第二点:　　　　　　　//捕捉轮廓线底边中点为镜像线的第二点
要删除源对象吗？[是(Y)/否(N)] <N>:　//回车

绘制完雨水管后的立面图如图 9-20 所示。

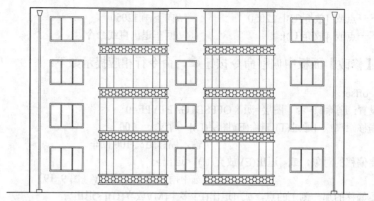

图 9-20   绘制完雨水管后的立面图

9.3.5   绘制墙面装饰

现代建筑为了外形的美观，在外装修中常用一些建筑材料制作一些简洁明快的图案。本章所示住宅墙面的装饰比较少，主要是在建筑物底层窗下的墙面上粘贴了一些瓷砖，并在一、二层分界处和三、四层分界处制作了两条分隔线。下面讲述具体的绘制方法。

1．绘制花岗岩蘑菇石贴面

花岗岩蘑菇石贴面的绘制应先画出边界线，然后再利用图案填充命令完成绘图。

（1）将"立面"层设为当前层，打开"辅助线"层，设置对象捕捉方式为"端点""中点""交点"捕捉方式。

（2）利用直线命令画出花岗岩蘑菇石贴面的上边界。单击【绘图】面板中的直线命令按钮，命令行提示如下：

       命令:_line 指定第一点: //捕捉底层窗下缘辅助线与轮廓线的左交点 W（图 9-21）
       指定下一点或 [放弃(U)]:   //捕捉底层窗下缘辅助线与轮廓线的右交点 X（图 9-21）
       指定下一点或 [放弃(U)]:   //回车键结束直线命令

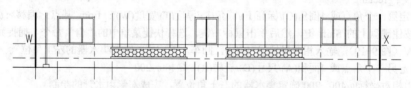

图 9-21   捕捉点 W、X 的位置

（3）关闭"辅助线"层，单击【修改】面板中的修剪命令按钮，将花岗岩蘑菇石贴面上边界的多余段修剪掉，命令行提示如下：

       命令:
       命令:_trim
       当前设置:投影=UCS，边=无
       选择剪切边...
       选择对象或 <全部选择>: 找到 1 个   //依次选择剪切边界
       选择对象: 指定对角点: 找到 1 个，总计 2 个
       选择对象: 找到 1 个，总计 3 个

选择对象: 找到 1 个, 总计 4 个
选择对象: 找到 1 个, 总计 5 个
选择对象: 找到 1 个, 总计 6 个
选择对象: 找到 1 个, 总计 7 个
选择对象: 找到 1 个, 总计 8 个
选择对象:
选择要修剪的对象, 或按住 Shift 键选择要延伸的对象, 或
[栏选(F)/窗交(C)/投影(P)/边(E)/删除(R)/放弃(U)]:　　　//依次选择需剪切的各线段
…
选择要修剪的对象, 或按住 Shift 键选择要延伸的对象, 或
[栏选(F)/窗交(C)/投影(P)/边(E)/删除(R)/放弃(U)]:　　　//单击右键结束修剪命令

绘制完的花岗岩蘑菇石贴面上边界如图 9-22 所示。

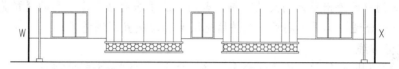

图 9-22　绘制完的花岗岩蘑菇石贴面上边界的效果

（4）利用图案填充命令完成花岗岩蘑菇石贴面的绘制

单击【修改】面板中的图案填充命令按钮，根据提示输入 T 并回车，弹出【图案填充和渐变色】对话框，如图 9-23 所示。

图 9-23　【图案填充和渐变色】对话框

（5）单击【图案】下拉列表后面的按钮，或者单击【样例】后面的填充图案，弹出【填充图案选项板】对话框，单击【其他预定义】选项卡，从中选择"BRICK"图案。然后单击【确定】按钮，重新回到【图案填充和渐变色】对话框。

（6）在【比例】下拉列表框中修改要填充图案的比例为 43；单击【添加：拾取点】按钮，进入绘图界面，在需要填充的多个闭合的区域内单击，选择填充区域完毕后，按 Enter 键或单击右键结束命令，完成花岗岩蘑菇石贴面的填充，如图 9-24 所示。

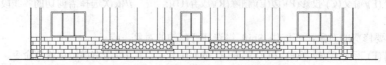

图 9-24　花岗岩蘑菇石贴面的效果

注意： 本例中已给出填充图案的比例，否则，应单击对话框左下角的【预览】按钮，观看填充效果是否合适，如果不满意，调整填充图案的比例直到满意为止。

2．绘制分隔线

分隔线的绘制比较简单，用直线命令、修剪命令、复制命令即可完成。

（1）打开"辅助线"图层，单击【绘图】面板中的直线命令按钮 ，命令行提示如下：

```
命令:_line 指定第一点:          //捕捉图 9-25 所示的交点 Y
指定下一点或 [放弃(U)]:         //捕捉图 9-25 所示的交点 Z
指定下一点或 [放弃(U)]:         //回车结束直线命令
```

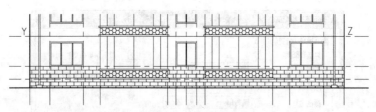

图 9-25　绘制分隔线

（2）关闭"辅助线"层，单击【修改】面板中的修剪命令按钮 ，修剪掉所绘直线与雨水管相交的部分，命令行提示如下：

```
命令: _trim
当前设置:投影=UCS，边=无
选择剪切边...
选择对象或 <全部选择>: 找到 1 个          //分别选择表示雨水管主干管的四条直线
选择对象: 找到 1 个，总计 2 个
选择对象: 找到 1 个，总计 3 个
选择对象: 找到 1 个，总计 4 个
选择对象:
选择要修剪的对象，或按住 Shift 键选择要延伸的对象，或
[栏选(F)/窗交(C)/投影(P)/边(E)/删除(R)/放弃(U)]: //选择左侧雨水管主干管中多余的分隔线
选择要修剪的对象，或按住 Shift 键选择要延伸的对象，或
[栏选(F)/窗交(C)/投影(P)/边(E)/删除(R)/放弃(U)]: //选择右侧雨水管主干管中多余的分隔线
选择要修剪的对象，或按住 Shift 键选择要延伸的对象，或
```

[栏选(F)/窗交(C)/投影(P)/边(E)/删除(R)/放弃(U)]: //单击右键结束命令

（3）打开正交方式，关闭对象捕捉方式，单击【修改】面板中的复制命令按钮，命令行提示如下：

命令: _copy
选择对象: 找到 1 个，总计 1 个　　　　　　//选择刚绘出的三段分隔线
选择对象: 找到 1 个，总计 2 个
选择对象: 找到 1 个，总计 3 个
选择对象:　　　　　　　　　　　　　　　　//空格键结束选择
当前设置: 复制模式 = 多个
指定基点或 [位移(D) /模式(O)] <位移>:　　//任意位置单击左键
指定第二个点或[阵列(A)] <使用第一个点作为位移>:<正交 开> 100
　　　　　　　　　　　　　//将光标移向正上方，输入 100 并回车，向上移动 100
指定第二个点或 [阵列(A)/退出(E)/放弃(U)] <退出>: //空格键结束命令，绘制完一二层间的分隔线。

注意：如用偏移命令，需多次选择对象，本步骤中利用复制命令沿指定方向输入距离的方式确定点的位置，这种方式不失为一种好的方法。

（4）空格键重复复制命令，将分隔线复制到四层阳台下相应位置，完成三、四层间的分隔线的绘制。命令行提示如下：

命令: COPY
选择对象: 指定对角点: 找到 2 个　　　　　　//依次框选底层和二层间的分隔线
选择对象: 指定对角点: 找到 2 个，总计 4 个
选择对象: 指定对角点: 找到 2 个，总计 6 个
选择对象:　　　　　　　　　　　　　　　　//空格键结束选择
当前设置: 复制模式 = 多个
指定基点或 [位移(D) /模式(O)] <位移>:　　　　//任意位置单击左键
指定第二个点或 [阵列(A)]<使用第一个点作为位移>:　<正交 开> 6000
　　　　　　　　　　　//将光标移向正上方，输入 6000 并回车，向上移动 6000
指定第二个点或 [阵列(A)/退出(E)/放弃(U)] <退出>: //空格键结束命令

绘制完花岗岩蘑菇石贴面后，效果如图 9-26 所示。

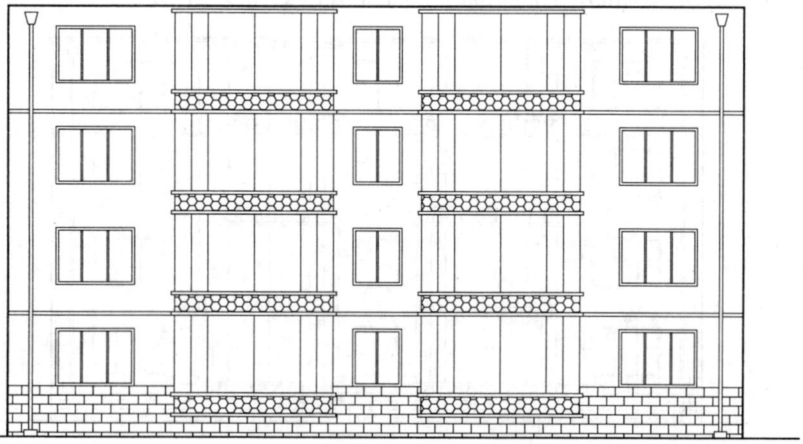

图 9-26　绘制完分隔线后的立面图

9.3.6　绘制屋檐

绘制屋檐步骤如下。

（1）将"立面"层设为当前层，关闭"辅助线"层，同时打开状态栏中的【对象捕捉】按钮，选择"端点""中点""交点"对象捕捉方式。

（2）单击【绘图】面板中的矩形命令按钮 ▢，画一个尺寸为 22 600×100 的矩形，命令行提示如下：

```
命令:_rectang
指定第一个角点或 [倒角(C)/标高(E)/圆角(F)/厚度(T)/宽度(W)]:　//在任意位置单击
指定另一个角点或 [面积(A)/尺寸(D)/旋转(R)]: @22600,100　//输入相对坐标@22600,100,回车
```

（3）单击【修改】面板中的移动命令按钮 ✛，将该矩形移动到正确位置。命令行提示如下：

```
命令:_move
选择对象: 找到 1 个　　　　　　　　　　//选择刚绘制好的矩形
选择对象:　　　　　　　　　　　　　　//空格键结束选择
指定基点或 [位移(D)] <位移>:　指定第二个点或 <使用第一个点作为位移>:
//捕捉矩形底边的中点作为基点，捕捉到轮廓线顶边 EF（图 9-7）的中点作为第二点
```

（4）采用相同的方法，画一个尺寸 22 700×50 的矩形，将它移到第（2）、（3）步中所画的矩形上面，使二者相临边的中点重合，完成屋檐的绘制。

```
命令:_rectang　　　　　　　　　　　//单击【绘图】面板中的矩形命令按钮 ▢
指定第一个角点或 [倒角(C)/标高(E)/圆角(F)/厚度(T)/宽度(W)]:　//在任意位置单击
指定另一个角点或 [面积(A)/尺寸(D)/旋转(R)]: @22700,50　//输入相对坐标@22700,50回车
命令:_move　　　　　　　　　　　　//单击【修改】面板中的移动命令按钮 ✛
选择对象: 找到 1 个　　　　　　　　　　//选择刚绘制好的矩形
选择对象:　　　　　　　　　　　　　　//空格键结束选择
指定基点或 [位移(D)] <位移>:　指定第二个点或 <使用第一个点作为位移>:
//捕捉到矩形底边的中点作为基点，捕捉前一个矩形顶边中点作为第二点
```

到此为止，底层和标准层上的立面图已经完成，如图 9-27 所示。

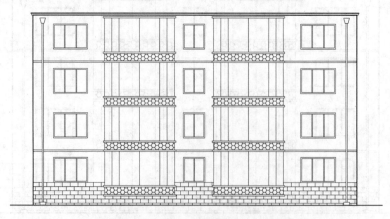

图 9-27　已完成的底层和标准层立面图

9.4 绘制阁楼立面

9.4.1 绘制阁楼装饰栅栏

阁楼装饰栅栏主要由立柱、扶手和装饰柱组成。其中立柱和装饰柱只需各画一个，然后利用复制、定数等分点等命令画出其余的。绘制步骤如下。

1. 绘制立柱

（1）将"立面"层设置为当前层，打开"辅助线"层，设置对象捕捉方式为"端点""中点""交点""象限点"捕捉方式。

（2）单击【绘图】面板中的矩形命令按钮 ▢，命令行提示如下：

命令: _rectang
指定第一个角点或 [倒角(C)/标高(E)/圆角(F)/厚度(T)/宽度(W)]:
　　　　　　　　//捕捉到屋檐顶边线与最左侧辅助线的交点 Z（图 9-28）
指定另一个角点或 [面积(A)/尺寸(D)/旋转(R)]: @200,650
　　　　　　　　//输入相对坐标@200,650 回车，画出立柱的主干矩形

（3）利用矩形命令，分别画尺寸为 300×50 和 200×50 的两个矩形，再利用移动命令，捕捉稍大矩形底边中点为基点，将矩形移动到主干矩形顶边的中点。同理将小矩形移动到大矩形的顶部。

（4）单击【绘图】面板中圆命令按钮 ⊙ 右侧的下三角号，选择 ⊙ 圆心、半径【圆心、半径】选项，命令行提示如下：

命令: _circle 指定圆的圆心或 [三点(3P)/两点(2P)/ 切点、切点、半径(T)]:
　　　　　　　　//在任意位置单击作为圆心
指定圆的半径或 [直径(D)] <80>: 80 　　//输入圆的半径为 80，回车

（5）单击【修改】面板中的移动命令按钮 ✣，命令行提示如下：

命令: _move
选择对象: 找到 1 个　　　　　　　　//选择圆
选择对象:　　　　　　　　　　　　//空格键结束选择
指定基点或 [位移(D)] <位移>: 指定第二个点或 <使用第一个点作为位移>:
　　　　　　//捕捉圆下部象限点作为基点，捕捉 200×50 矩形顶边中点作为第二点

一个立柱的绘制完成，如图 9-28 所示。

（6）单击【修改】面板中的复制命令按钮 ❀，选择立柱后进行多重复制，画出其余立柱。

（7）单击【修改】面板中的移动命令按钮 ✣，将最右侧立柱移动到与侧面右山墙面对齐，完成后如图 9-29 所示。

2. 绘制扶手

（1）将"立面"层设置为当前层，打开正交方式。

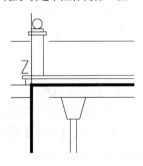

图 9-28　画完的第一个立柱

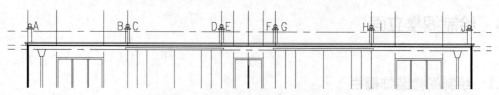

图 9-29　完成的阁楼装饰栅栏立柱

（2）单击【绘图】面板中的直线命令按钮 ✏，以辅助线与各立柱的交点为端点画直线。空格键重复五次该命令，完成扶手上边界的绘制。命令行提示如下：

命令: _line 指定第一点:　　//捕捉图 9-29 所示的 A 点作为第一点
指定下一点或 [放弃(U)]:　　//捕捉图 9-29 所示的 B 点作为第二点
指定下一点或 [放弃(U)]:　　//空格键结束命令
命令:　LINE 指定第一点: //空格键重复命令，捕捉图 9-29 所示的 C 点作为第一点
指定下一点或 [放弃(U)]:　　//捕捉图 9-29 所示的 D 点作为第二点
指定下一点或 [放弃(U)]:　　//空格键结束命令
命令:　LINE 指定第一点: //空格键重复命令（下面步骤与此类似）
…

（3）关闭"辅助线"层，单击【修改】面板中的复制命令按钮 ❀，选择扶手上边界向下复制出下边界，命令行提示如下：

命令: _copy
选择对象: 找到 1 个　　　　　　　//依次选择构成栏杆上边线的五段线段
选择对象: 找到 1 个，总计 2 个
选择对象: 找到 1 个，总计 3 个
选择对象: 找到 1 个，总计 4 个
选择对象: 找到 1 个，总计 5 个
选择对象:　　　　　　　　//空格键结束选择
当前设置:　复制模式 = 多个
指定基点或 [位移(D) /模式(O)] <位移>:　　　　　//任意位置单击左键
指定第二个点或 [阵列(A)] <使用第一个点作为位移>: 100
　　　　　　　　　　//光标垂直向下，输入 100 并回车，向下移动 100
指定第二个点或 [阵列(A)/退出(E)/放弃(U)] <退出>:　//空格键结束命令

绘制完扶手后的装饰栅栏栏杆如图 9-30 所示。

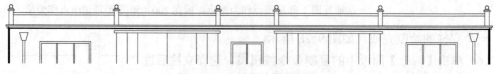

图 9-30　阁楼装饰栅栏栏杆

3. 绘制装饰柱

（1）将"立面"层设置为当前层，关闭正交方式。

（2）单击【绘图】面板中的样条曲线拟合命令按钮 ▨，在图 9-31 所示位置绘制一条样条曲线。命令行提示如下：

命令: <正交 关>

命令: _SPLINE

当前设置: 方式=拟合   节点=弦

指定第一个点或 [方式(M)/节点(K)/对象(O)]: _M

输入样条曲线创建方式 [拟合(F)/控制点(CV)] <拟合>: _FIT

当前设置: 方式=拟合   节点=弦

指定第一个点或 [方式(M)/节点(K)/对象(O)]:   //依次指定各个控制点

输入下一个点或 [起点切向(T)/公差(L)]:

输入下一个点或 [端点相切(T)/公差(L)/放弃(U)]:

输入下一个点或 [端点相切(T)/公差(L)/放弃(U)/闭合(C)]:

输入下一个点或 [端点相切(T)/公差(L)/放弃(U)/闭合(C)]:

输入下一个点或 [端点相切(T)/公差(L)/放弃(U)/闭合(C)]:   //空格键结束命令

（3）单击【修改】面板中的修剪命令按钮 ⊬，剪掉样条曲线多余的部分，完成装饰柱左边线的绘制。命令行提示如下：

命令: _trim

当前设置:投影=UCS，边=无

选择剪切边...

选择对象或 <全部选择>: 找到 1 个   //选择栏杆下边界

选择对象: 找到 1 个，总计 2 个   //选择屋檐上边界

选择对象: //空格键结束选择

选择要修剪的对象，或按住 Shift 键选择要延伸的对象，或

[栏选(F)/窗交(C)/投影(P)/边(E)/删除(R)/放弃(U)]:   //修剪掉样条曲线的多余部分

选择要修剪的对象，或按住 Shift 键选择要延伸的对象，或

[栏选(F)/窗交(C)/投影(P)/边(E)/删除(R)/放弃(U)]:

选择要修剪的对象，或按住 Shift 键选择要延伸的对象，或

[栏选(F)/窗交(C)/投影(P)/边(E)/删除(R)/放弃(U)]:   //空格键结束命令

（4）单击【修改】面板中的镜像命令按钮 ⚎，选中所绘的样条曲线，打开正交方式，以适当的竖直方向为对称轴镜像出装饰柱的右半部分。如图 9-32 所示。命令行提示如下：

命令: _mirror

选择对象: 找到 1 个   //选择样条曲线

选择对象: <正交 开>   //打开正交方式，按空格键

指定镜像线的第一点: 指定镜像线的第二点: //指定镜像轴

要删除源对象吗？[是(Y)/否(N)] <N>:   //空格键结束命令

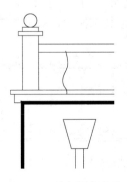

图 9-31 绘制样条曲线

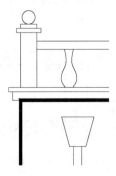

图 9-32 一个装饰柱

（5）单击【绘图】面板中的直线命令按钮 ✒，连接两条样条曲线上部的端点，以便创建块时确定插入点的位置。

（6）单击【块】面板中的创建块命令按钮 ▣▫，弹出【块定义】对话框。在【名称】栏中输入块名"chg"，单击拾取点按钮 ▣，返回到绘图界面，捕捉到装饰柱顶边的中点，又弹出【块定义】对话框，单击选择对象按钮 ✛，返回到绘图界面，选中整个装饰柱，单击右键弹出【块定义】对话框，选中【删除】单选按钮，【块定义】对话框如图 9-33 所示。然后单击【确定】按钮，将装饰柱定义成名为"chg"的块。

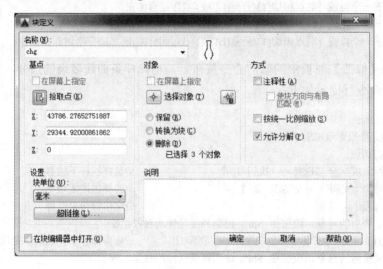

图 9-33　【块定义】对话框

（7）单击【绘图】面板中定数等分命令按钮 ▣ⁿ，绘制左面第一段栏杆下的装饰柱。命令行提示如下：

命令：DIVIDE
选择要定数等分的对象：　　　　　　　　//选择左面第一段栏杆的下边线
输入线段数目或 [块(B)]：b　　　　　　 //输入 B 回车
输入要插入的块名：chg　　　　　　　　 //输入块名"chg"回车
是否对齐块和对象？[是(Y)/否(N)] <Y>：　//回车
输入线段数目：12　　　　　　　　　　　//输入线段数 12 回车

（8）按与第（6）步相同的方法，依次用"定数等分"的方式在其他段栏杆下插入"chg"块，分段数分别为 12、6、12、12，则绘制完整个阁楼装饰栅栏，效果如图 9-34 所示。

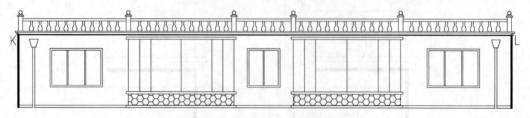

图 9-34　绘制完的阁楼装饰栅栏

9.4.2　绘制阁楼轮廓线和坡屋面

1．修改底层和标准层轮廓线

单击【修改】面板中的打断命令按钮 ，将底层和标准层轮廓线的顶边线去掉。命令行提示如下：

命令：_break 选择对象：　　　　　　　　//选择底层和标准层轮廓线的左边线
指定第二个打断点 或 [第一点(F)]: f　　　//重新指定第一点
指定第一个打断点：<对象捕捉 开>　　　//打开对象捕捉方式，捕捉 K 点（图 9-34）
指定第二个打断点：　　　　　　　　　//打开对象捕捉方式，捕捉 L 点（图 9-34）

2．绘制阁楼轮廓线

（1）将"立面"层设置为当前层，打开"辅助线"层，设置对象捕捉方式为"端点""中点""交点"捕捉方式。

（2）单击【绘图】面板中的多段线命令按钮 ，命令行提示如下：

命令：PLINE
指定起点：　　　　　　　　　　　　　　　　　　　　//捕捉 K 点（图 9-35）
当前线宽为 100.0000
指定下一个点或 [圆弧(A)/半宽(H)/长度(L)/放弃(U)/宽度(W)]: w　//修改线宽为 30
指定起点宽度 <100.0000>: 30
指定端点宽度 <30.0000>:

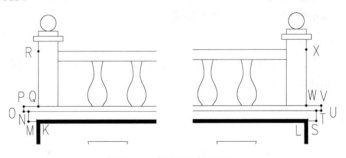

图 9-35　绘制阁楼轮廓线

指定下一个点或 [圆弧(A)/半宽(H)/长度(L)/放弃(U)/宽度(W)]:　　//捕捉 M 点（图 9-35）
指定下一点或 [圆弧(A)/闭合(C)/半宽(H)/长度(L)/放弃(U)/宽度(W)]:　//捕捉 N 点（图 9-35）
指定下一点或 [圆弧(A)/闭合(C)/半宽(H)/长度(L)/放弃(U)/宽度(W)]:　//捕捉 O 点（图 9-35）
指定下一点或 [圆弧(A)/闭合(C)/半宽(H)/长度(L)/放弃(U)/宽度(W)]:　//捕捉 P 点（图 9-35）
指定下一点或 [圆弧(A)/闭合(C)/半宽(H)/长度(L)/放弃(U)/宽度(W)]:　//捕捉 Q 点（图 9-35）
指定下一点或 [圆弧(A)/闭合(C)/半宽(H)/长度(L)/放弃(U)/宽度(W)]:　//捕捉 R 点（图 9-35）
指定下一点或 [圆弧(A)/闭合(C)/半宽(H)/长度(L)/放弃(U)/宽度(W)]: <正交 开>
<对象捕捉 关> 200　　　　　　　//打开正交方式，关闭对象捕捉，向左画 200
指定下一点或 [圆弧(A)/闭合(C)/半宽(H)/长度(L)/放弃(U)/宽度(W)]: 2400　//向上画 2400
指定下一点或 [圆弧(A)/闭合(C)/半宽(H)/长度(L)/放弃(U)/宽度(W)]: 22800　//向右画 22800
指定下一点或 [圆弧(A)/闭合(C)/半宽(H)/长度(L)/放弃(U)/宽度(W)]: 2400　//向下画 2400
指定下一点或 [圆弧(A)/闭合(C)/半宽(H)/长度(L)/放弃(U)/宽度(W)]: <对象捕捉 开>
　　　　　　　　　　　　　　　　　　//打开对象捕捉，捕捉 X 点（图 9-35）

指定下一点或 [圆弧(A)/闭合(C)/半宽(H)/长度(L)/放弃(U)/宽度(W)]:   //捕捉 W 点（图 9-35）
指定下一点或 [圆弧(A)/闭合(C)/半宽(H)/长度(L)/放弃(U)/宽度(W)]:   //捕捉 V 点（图 9-35）
指定下一点或 [圆弧(A)/闭合(C)/半宽(H)/长度(L)/放弃(U)/宽度(W)]:   //捕捉 U 点（图 9-35）
指定下一点或 [圆弧(A)/闭合(C)/半宽(H)/长度(L)/放弃(U)/宽度(W)]:   //捕捉 T 点（图 9-35）
指定下一点或 [圆弧(A)/闭合(C)/半宽(H)/长度(L)/放弃(U)/宽度(W)]:   //捕捉 S 点（图 9-35）
指定下一点或 [圆弧(A)/闭合(C)/半宽(H)/长度(L)/放弃(U)/宽度(W)]:   //捕捉 L 点（图 9-35）
指定下一点或 [圆弧(A)/闭合(C)/半宽(H)/长度(L)/放弃(U)/宽度(W)]:   //回车结束命令

阁楼轮廓线绘制完成的结果如图 9-36 所示。

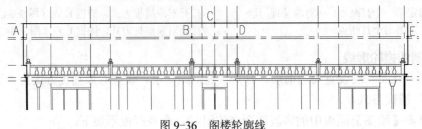

图 9-36 阁楼轮廓线

3. 绘制坡屋面

（1）利用直线命令，画出阁楼屋面边缘线的直线部分。单击【绘图】面板中的直线命令按钮，命令行提示如下：

命令: _line 指定第一点: //捕捉左侧的交点 A（图 9-36）
指定下一点或 [放弃(U)]:   //捕捉右侧的交点 E（图 9-36）
指定下一点或 [放弃(U)]:   //空格键结束命令

（2）同理画出阁楼侧墙外边线。

（3）利用直线命令、偏移命令（偏移距离为 100）和修剪命令，绘制出阁楼老虎窗屋面的边缘线。完成后如图 9-37 所示。

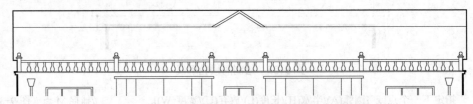

图 9-37 绘制完阁楼屋面边缘线和阁楼侧墙外边线的效果

命令行提示如下：

命令: LINE 指定第一点: //空格键重复直线命令，捕捉交点 B（图 9-36）
指定下一点或 [放弃(U)]:   //捕捉交点 C（图 9-36）
指定下一点或 [放弃(U)]:   //捕捉交点 D（图 9-36）
指定下一点或 [放弃(U)]:   //空格键结束命令
命令: _offset   //单击【修改】面板中的偏移命令按钮
当前设置: 删除源=否 图层=源 OFFSETGAPTYPE=0
指定偏移距离或 [通过(T)/删除(E)/图层(L)] <通过>: 100   //输入偏移距离 100 回车
选择要偏移的对象，或 [退出(E)/放弃(U)] <退出>:   //选择老虎窗屋面上边线 BC（图 9-36）
指定要偏移的那一侧上的点，或 [退出(E)/多个(M)/放弃(U)] <退出>:   //向下偏移

选择要偏移的对象，或 [退出(E)/放弃(U)] <退出>:　　　//选择老虎窗屋面上边线 CD（图 9-36）

指定要偏移的那一侧上的点，或 [退出(E)/多个(M)/放弃(U)] <退出>:　//向下偏移

选择要偏移的对象，或 [退出(E)/放弃(U)] <退出>:　　　//空格键结束命令

命令:_trim　　//单击【修改】面板中的修剪命令按钮 ᵗᵗ，修剪出老虎窗屋面边线。

当前设置:投影=UCS，边=无

选择剪切边...

选择对象或 <全部选择>:　找到 1 个　　　　　　//依次选择作为边界的线条

选择对象: 找到 1 个，总计 2 个

选择对象: 找到 1 个，总计 3 个

选择对象:　　　　　　　　　　　　　　　//右键结束选择

选择要修剪的对象，或按住 Shift 键选择要延伸的对象，或

[栏选(F)/窗交(C)/投影(P)/边(E)/删除(R)/放弃(U)]:　　//依次选择要修剪的对象

…

选择要修剪的对象，或按住 Shift 键选择要延伸的对象，或

[栏选(F)/窗交(C)/投影(P)/边(E)/删除(R)/放弃(U)]:　　//空格键结束命令

（4）利用填充命令绘制阁楼屋面瓦。关闭"辅助线"层，单击【绘图】面板中的图案填充命令按钮 🔳，输入 T 并回车，弹出【图案填充与渐变色】对话框，选择名为"LINE"的图案，设置角度为 90，比例为 70，单击拾取点按钮 🔳，返回到绘图方式，通过在阁楼屋面区域内单击，选择欲填充的区域，单击右键又弹出【图案填充与渐变色】对话框，如图 9-38 所示。再单击【确定】按钮完成阁楼屋面瓦的绘制，如图 9-39 所示。

图 9-38　设置好的【图案填充与渐变色】对话框

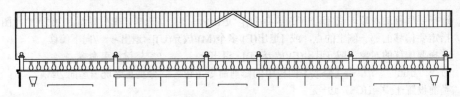

图 9-39　阁楼屋面瓦

9.4.3　绘制阁楼窗

阁楼的窗有两种类型。两侧各两个窗，形状完全一样，可只画出一个，然后复制出其他的三个。老虎窗的画法稍复杂。

1．绘制阁楼两侧的四个方窗

（1）将当前图层设置为"立面"层，对象捕捉方式设置为"中点"捕捉方式。

（2）在立面图中空白区域画一个 1 800×1 500 的矩形作为窗框的外边线。

（3）将该矩形向内偏移 80，并利用分解、删除和延伸命令，画出窗框的内边线。

（4）利用偏移命令将窗框两侧内边线各向内偏移 795，绘制出窗档。完成单个窗的绘制。绘制完成后如图 9-40 所示。

（5）利用复制命令，以窗下框的中点为基点将已完成的窗进行多重复制，复制到相应装饰栏杆上边线的中点上，再将原方窗删除，完成四个方窗的绘制，完成后如图 9-41 所示。方窗的画法和底层与标准层窗的画法基本一致，命令行提示不再列出。

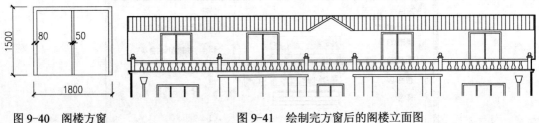

图 9-40　阁楼方窗　　　　　　　图 9-41　绘制完方窗后的阁楼立面图

2．绘制老虎窗

（1）打开"辅助线"层，将当前图层设置为"立面"层，打开正交方式，对象捕捉方式设置为"端点""中点""交点"捕捉方式。

（2）单击【修改】面板中的偏移命令按钮，命令行提示如下：

```
命令: _offset
当前设置: 删除源=否  图层=源  OFFSETGAPTYPE=0
指定偏移距离或 [通过(T)/删除(E)/图层(L)] <795.0000>:  750      //指定偏移距离 750
选择要偏移的对象，或 [退出(E)/放弃(U)] <退出>:              //选择辅助线 BFD（图 9-42）
指定要偏移的那一侧上的点，或 [退出(E)/多个(M)/放弃(U)] <退出>:   //向下偏移
选择要偏移的对象，或 [退出(E)/放弃(U)] <退出>:              //空格键结束命令
```

注意：为了方便绘制弧形的老虎窗，临时增加了一条辅助线。

（3）单击【绘图】面板中的三点绘制圆弧命令按钮，命令行提示如下：

命令: _arc 指定圆弧的起点或 [圆心(C)]: ＜对象捕捉 开＞

　　　　　　　　　　　　　　　　　　//打开对象捕捉,捕捉到 G 点　（图 9-42）

指定圆弧的第二个点或 [圆心(C)/端点(E)]: 　//捕捉到 F 点　（图 9-42）

指定圆弧的端点: 　　　　　　　　　　　//捕捉到 H 点　（图 9-42）

这样得到圆弧形老虎窗框的外边线, 如图 9-43 所示。

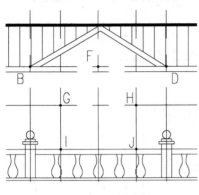

图 9-42　绘制老虎窗

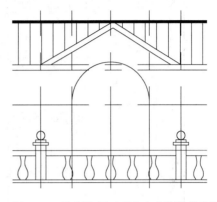

图 9-43　绘制出圆弧形老虎窗框的外边线

（4）利用偏移命令将圆弧形老虎窗框外边线向内偏移 80。

（5）利用直线命令连接外边线上剩余的两条线段, 即图 9-42 中的 GI 和 HJ, 完成老虎窗框外边线的绘制。

（6）将刚绘制完的两段外边线直线段向内各偏移 80, 完成老虎窗框内边线的绘制。如图 9-44 所示。

（7）用直线命令连接圆弧形老虎窗框内边线的两个端点, 再向下偏移 50 画出水平窗档。

（8）利用偏移命令将老虎窗框外边线的直线部分（图 9-42 中 GI 和 HJ 对应的直线段）向内部各偏移 645。

（9）关闭“辅助线”层。利用延伸命令和修剪命令对窗档进行修改, 完成老虎窗的绘制。如图 9-45 所示。

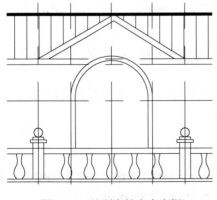

图 9-44　绘制完的老虎窗框

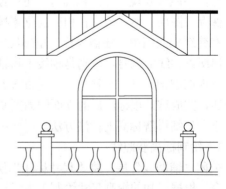

图 9-45　绘制完成的老虎窗

3. 保存文件

单击快速访问工具栏中的保存命令按钮 , 保存文件。上述从第（4）步到第（9）步中,相关的操作在前面均已多次涉及，命令行提示不再列出。

　　至此，立面图的图形部分已全部绘制完成。此时的立面如图 9-46 所示。

图 9-46　绘制完图形后的立面图

9.5　立面标注

9.5.1　尺寸标注

　　立面图的标注和平面图的标注不同，立面图上必须标注出建筑物的竖向标高，通常还需要标注出细部尺寸、层高尺寸和总高度尺寸。立面图的标注不能完全利用 AutoCAD 2016 自身的标注功能来实现。标注标高时，可先绘制出标高符号，然后以三角形的顶点作为插入基点，保存成图块。然后依次在相应的位置插入图块即可。

　　在建筑立面图中，还需要标注出轴线符号，以表明立面图所在的范围，本章的立面图要标注出两条轴线的编号，分别是轴线 1 和轴线 10。

　　立面图细部尺寸、层高尺寸、总高度尺寸和轴号的标注方法与平面图完全相同，在此不再赘述，完成这几项标注后的立面图如图 9-47 所示。

　　下面仔细讲解标高的标注方法。

1．绘制标高参照线

　　关闭"辅助线"层，将"尺寸标注"层设为当前层，综合应用直线命令、修剪命令和偏移命令，根据已知的标高尺寸绘制出表示标高位置的参照线，如图 9-48 所示。

2．创建带属性的标高块

　　（1）将 0 层设为当前层，利用直线命令在空白位置绘制出标高符号，如图 9-49 所示。

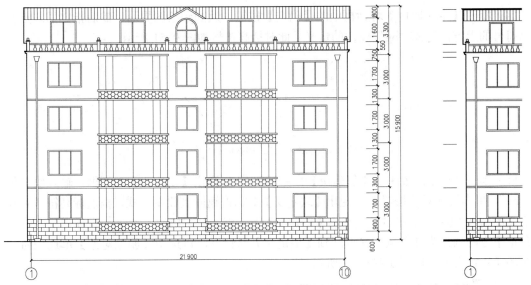

图 9-47　标注完细部尺寸、层高尺寸、总高度尺寸和轴号后的立面图　　　图 9-48　标高位置参照线

图 9-49　标高符号

（2）单击【块】面板中的定义属性按钮 ✎，弹出【属性定义】对话框。

（3）在【属性定义】对话框的【属性】选项区域中设置【标记】文本框为 "BG"、【提示】文本框为 "请输入标高"、【默认】文本框为 "%%p0.000"。选择【插入点】选项区域中的【在屏幕上指定】复选框。选择【锁定位置】复选框。在【文字设置】选项区域中设置文字高度为 300。此时【属性定义】对话框如图 9-50 所示。

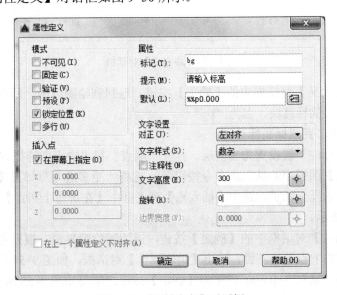

图 9-50　【属性定义】对话框

（4）单击【定义属性】对话框中的【确定】按钮，返回到绘图界面，然后指定插入点在标高符号的上方，完成"bg"属性的定义。此时标高符号如图 9-51 所示。

图 9-51   定义属性后的标高符号

（5）单击【块】面板中的【创建块】命令按钮 ，弹出【块定义】对话框，输入块名称为"bg"，单击选择对象按钮 ，退出【块定义】对话框返回到绘图方式，框选标高符号和刚才定义的属性"bg"，单击右键又弹出【块定义】对话框，单击拾取点按钮 ，捕捉标高符号三角形下方的顶点为插入点，又返回到【块定义】对话框，再选中【删除对象】单选按钮，此时的【块定义】对话框如图 9-52 所示。

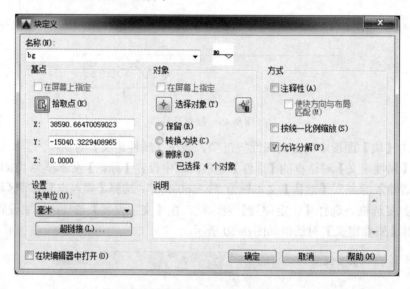

图 9-52   【块定义】对话框

（6）单击【块定义】对话框中的【确定】按钮，返回到绘图界面，所绘制的标高符号被删除。定义完带属性的标高块，名为"bg"。

3．插入标高块，完成标高标注

（1）将"尺寸标注"层设置为当前层。打开"端点"和"中点"捕捉方式。

（2）单击【块】面板中的插入块命令按钮 ，选择"更多选项"弹出【插入】对话框，在名称下拉列表中选择 "bg"，选中【插入点】列表框中【在屏幕上指定】复选框。【插入】对话框如图 9-53 所示。

（3）单击【插入】对话框中的【确定】按钮，返回到绘图界面。根据命令行提示捕捉到 -0.600 标高参照线的中点单击左键，弹出【编辑属性】对话框，如图 9-54 所示。在"请输入标高"后的文本框中输入"-0.600"，单击【确定】按钮。结果如图 9-55 所示。

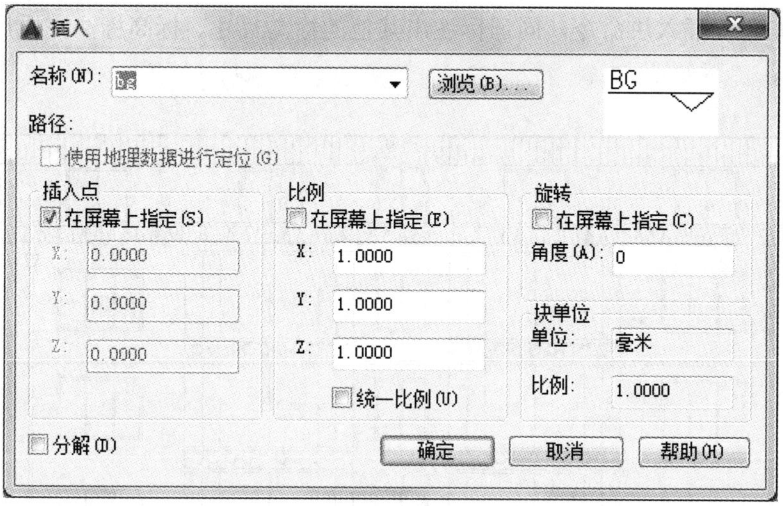

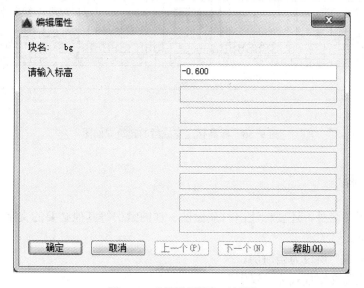

图 9-53 【插入】对话框

图 9-54 【编辑属性】对话框

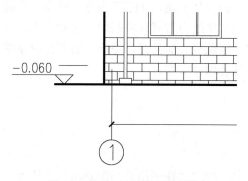

图 9-55 -0.600 标高尺寸标注

（4）回车重复插入块命令，同理标注出其他的标高尺寸。标高标注完成后的立面图如图 9-56 所示。

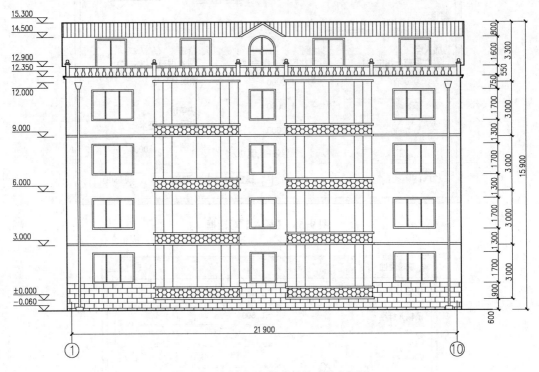

图 9-56　标高标注完成后的建筑立面图

9.5.2　文字注释

立面图除了图名外，还要标注出材质做法、详图索引等其他必要的文字注释。文字注释的基本步骤如下。

（1）将"文本"层设为当前层。

（2）设置当前文字样式为"汉字"。

（3）利用直线命令绘制出标注的引线。

（4）输入注释文字。在命令行中输入 TEXT 命令，按命令行提示输入相应的注释文字。上述过程与前一章中的文字注释方式基本相同，对命令行提示本章不再赘述。

完成文字注释后，将"标题栏"层打开，完成后的立面图如图 9-1 所示。

立面图绘制完成后，注意保存文件。

9.6　打印输出

打印输出步骤如下。

（1）打开前面几节绘制完成的"住宅南立面图.dwg"文件为当前图形文件。

（2）单击快速访问工具栏中的打印命令按钮，弹出【打印-模型】对话框。

（3）在【打印-模型】对话框中的【打印机/绘图仪】选项区域中的【名称】下拉列表框中选择系统所使用的绘图仪类型，本例中选择 8.8 节中存盘的"DWF6 ePlot-（A3-H）.pc3"型号的绘图仪作为当前绘图仪。

（4）在【图纸尺寸】选项区域中的"图纸尺寸"下拉列表框内选择"ISO A3（420.00×297.00mm）"图纸尺寸。

（5）在【打印比例】选项区域内勾选【布满图纸】复选框。

（6）在【打印区域】选项区域的【打印范围】下拉列表框中选择"图形界限"。

（7）在设置完的【打印-模型】对话框中单击【预览】按钮，进行预览，如图 9-57 所示。

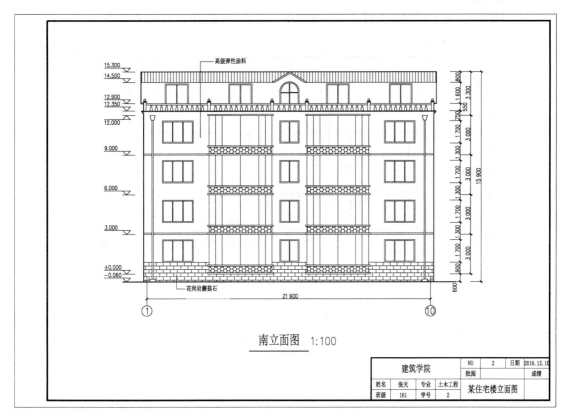

图 9-57　打印的预览效果

（8）如对预览结果满意，就可以单击预览状态下工具栏中的打印按钮 进行打印输出。

实例小结： 本章着重介绍了绘制建筑立面图的一般方法，并利用 AutoCAD 2016 绘制了一幅完整的建筑立面图。绘制建筑立面图首先要设置绘图环境，再绘制出辅助线，然后，再分别按底层、标准层和顶层的顺序逐层绘制。标准层中的图形可只画出一层的，然后用阵列命令绘制出其他层。如果立面图是对称的，则只需画出一半，再利用镜像命令绘制出另一半。立面图尺寸标注方法与平面图基本一致，标高的标注使用了带属性的块。同时，必须注意建筑立面图必须和建筑总平面图、建筑平面图和建筑剖面图相互对应。

9.7　思考与练习

1．思考题

（1）利用 AutoCAD 2016 绘制建筑立面图的基本过程是什么？

（2）建筑立面图中的窗如何绘制？

（3）在绘制建筑立面图时，阵列命令和镜像命令有何作用？

（4）说明块操作相关命令在绘制建筑立面图时的作用。

（5）如何标注立面图中的标高？

2．绘图题

绘制如图 9-58 所示的办公楼北立面图，并为其添加 A3 图框线和标题栏。

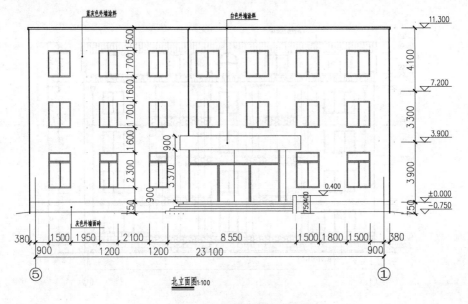

图 9-58　办公楼北立面图

第 10 章　建筑剖面图实例

前两章完成了建筑物平面图和立面图的绘制，要进一步反映出建筑物的内部结构，就需要用到建筑剖面图。建筑剖面图是将建筑物作竖直剖切所形成的剖视图，主要表示建筑物在垂直方向上各部分的形状、尺寸和组合关系，以及在建筑物剖面位置的层数、层高、结构形式和构造方法，建筑剖面图与建筑平面图、建筑立面图相配套。

建筑剖面图的剖切位置一般选在建筑物内部构造复杂或者具有代表性的位置，使之能够反映建筑物内部的构造特征。剖切平面一般垂直于建筑物的长向，且宜通过楼梯或门窗。要完整表现出建筑物的内部结构，需要绘制多个剖面图。楼梯间的剖面图是最常见的。

用 AutoCAD 绘制建筑剖面图，绘制过程与绘制立面图基本相同。本章将以图 10-1 所示的某住宅楼剖面图为例，详细讲述建筑剖面图的绘制过程及方法。本章涉及的命令主要有：偏移、复制、阵列、填充、块及块属性的定义和块插入等。绘制过程如下：

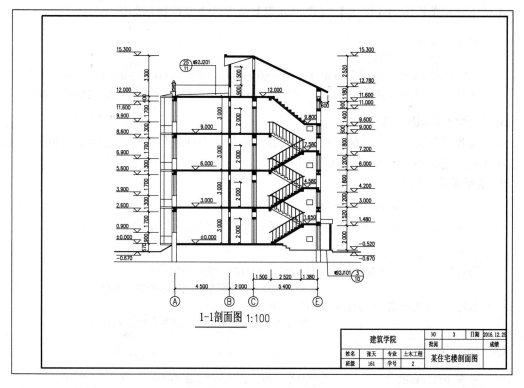

图 10-1　某住宅楼剖面图

- 设置绘图环境；
- 绘制辅助线；
- 绘制墙体、楼板、阁楼剖面、楼梯休息平台和地平线；

- 绘制门窗；
- 绘制阳台、平屋顶、装饰栅栏和雨篷；
- 绘制梁和圈梁；
- 绘制楼梯；
- 绘制配电箱；
- 剖面图标注；
- 打印输出。

10.1 设置绘图环境

1. 打开文件

单击快速访问工具栏中的新建命令按钮，弹出【选择样板】对话框。从【查找范围】下拉列表框和【名称】列表框选择第 7 章建立的样板文件"建筑图模板.dwt"所在的路径并选中该文件，单击【打开】按钮，进入 AutoCAD 2016 绘图界面。

2. 设置绘图区域

单击下拉菜单栏中的【格式】|【图形界限】命令，命令行提示如下：

```
命令:'_limits
重新设置模型空间界限:
指定左下角点或 [开(ON)/关(OFF)] <0.0000,0.0000>:        //回车默认左下角坐标为"0,0"
指定右上角点 <420.0000,297.0000>: 42000,29700        //指定右上角坐标为"42000,29700"
```

3. 显示全部作图区域

单击【视图】选项卡【导航】面板上的范围缩放命令按钮 右侧的下三角号，选择全部缩放命令按钮 ，显示全部作图区域。

4. 绘制图框和标题栏

（1）将"标题栏"层设置为当前层。

（2）绘制图幅线。单击【绘图】面板中的矩形命令按钮，命令行提示：

```
命令: _rectang
指定第一个角点或 [倒角(C)/标高(E)/圆角(F)/厚度(T)/宽度(W)]: 0,0
                //输入"0，0"并回车，确定矩形第一个角点
指定另一个角点或 [尺寸(D)]: 42000,29700
                //输入"42000，29700"并回车，确定矩形另一个角点
```

（3）绘制图框线。

```
命令: RECTANG                //回车，输入上一次的矩形命令
指定第一个角点或 [倒角(C)/标高(E)/圆角(F)/厚度(T)/宽度(W)]: 2500,500
                //输入"2500，500"并回车
指定另一个角点或 [面积(A)/尺寸(D)/旋转(R)]: 41500,29200
                //输入"41500，29200"并回车
```

（4）修改图框线的线宽为 1.0。

（5）插入标题栏。单击【块】面板中的插入块命令按钮，选择【更多选项】，弹出【插入】对话框，如图 8-3 所示。从名称下拉列表框中选择"标题栏"；比例选项区域选中"统一比例"复选框，并设置为"100"；"插入点"选项区域选中"在屏幕上指定"复选框，单击【确定】按钮，选择图框线的右下角为插入基点单击鼠标左键，弹出【编辑属性】对话框，如图 10-2 所示，依次输入属性值，单击【确定】按钮。块插入结果如图 10-3 所示。

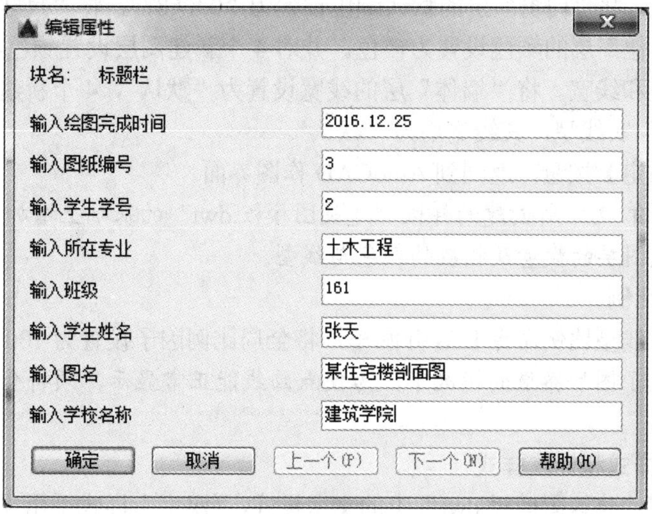

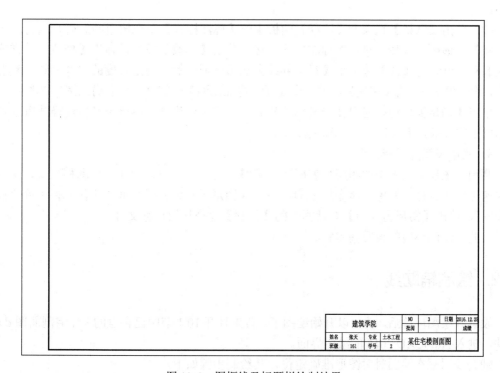

图 10-2　【编辑属性】对话框

图 10-3　图框线及标题栏绘制结果

注意：在实际绘图时，块的属性值中的各项参数应根据实际情况设置或修改。

5．修改图层

（1）单击【图层】面板中的图层特性按钮，弹出【图层特性管理器】对话框，单击新建图层按钮，新建 4 个图层：楼板、楼梯、阳台、梁。

（2）对原图层进行修改，将"轴线"层重命名为"辅助线"。

（3）设置颜色。将"门窗"层的默认颜色设置为"0,87,87"，将"尺寸标注"层的颜色修改为蓝色，将"其他"层的颜色设置为白色。并对 4 个新建图层设置颜色。

（4）设置线型和线宽。将"墙体"层的线宽设置为"默认"，4 个新建图层的线型保留默认的"Continuous"实线型，其线宽均为"默认"。

（5）单击【确定】按钮，返回到 AutoCAD 作图界面。

注意：本例在第 7 章所创建的样板"建筑图模板.dwt"的基础上增加 4 个图层，在绘图时可根据需要决定图层的数量及相应的颜色与线型。

6．设置线型比例

在命令行输入线型比例命令 LTS 并回车，将全局比例因子设置为 100。

注意：在扩大了图形界限的情况下，为使点画线能正常显示，须将全局比例因子按比例放大。

7．设置文字样式和标注样式

（1）本例使用"建筑图模板.dwt"中的文字样式，"汉字"样式采用"仿宋"字体，宽度比例设为 0.8，"数字"样式采用"Simplex.shx"字体，宽度比例设为 0.8，用于书写数字及特殊字符。

（2）单击【默认】选项卡【注释】面板中的【标注样式】命令按钮，弹出【标注样式管理器】对话框，选择"建筑"标注样式，然后单击【修改】按钮，弹出【修改标注样式：建筑】对话框，将【线】选项卡【尺寸界线】选项区域中的"固定长度的尺寸界线"复选框选中，设长度为 8；将【调整】选项卡中【标注特征比例】中的"使用全局比例"修改为 100。然后单击【确定】按钮，退出【修改标注样式：建筑】对话框，再单击【标注样式管理器】对话框中的【关闭】按钮，完成标注样式的设置。

8．完成设置并保存文件

利用【图层】面板中的图层列表框，关闭"标题栏"层，然后单击快速访问工具栏中的保存命令按钮，打开【图形另存为】对话框。输入文件名称"住宅剖面图"，单击【图形另存为】对话框中的【保存】命令按钮保存文件。

至此，绘图环境的设置基本完成。

10.2　绘制辅助线

设置好绘图环境后，就可以开始绘图了。首先打开 10.1 节中已存盘的"住宅剖面图.dwg"文件，进入 AutoCAD 2016 的绘图界面。

辅助线用来在绘图时对图形准确定位，其绘制步骤如下。

（1）单击状态栏中的【正交】按钮，打开正交状态。

（2）利用【图层】面板中的图层列表框将"辅助线"层设置为当前层。

（3）单击【绘图】面板中的直线命令按钮 ✎，绘制水平基准线和竖直基准线，命令行提示如下：

命令: _line 指定第一点: 0, 0   //绘制水平基准线（图 10-4）
指定下一点或 [放弃(U)]: 20500   //向右画长度为 20500 的水平基准线
指定下一点或 [放弃(U)]:   //回车
命令:
命令: _line 指定第一点: //在水平基准线下侧合适位置单击左键（图 10-5）
指定下一点或 [放弃(U)]:23000   //向上画长度为 23000 的垂直基准线（图 10-5）
指定下一点或 [放弃(U)]:   //回车

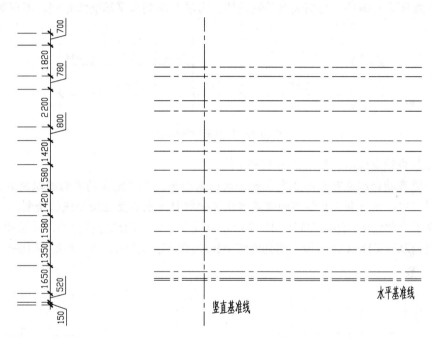

图 10-4　水平辅助线间距   图 10-5　绘制完水平辅助线后的效果

（4）按照图 10-4 所示的尺寸，利用偏移命令将水平基准线及偏移后的水平辅助线按由下至上的顺序进行偏移，得到水平的辅助线。命令行提示如下：

命令: _offset   //单击【修改】面板中的偏移命令按钮 ⬚
当前设置: 删除源=否　图层=源　OFFSETGAPTYPE=0
指定偏移距离或 [通过(T)/删除(E)/图层(L)] <10.0000>:　150
      //设置偏移距离为 150 后回车
选择要偏移的对象，或 [退出(E)/放弃(U)] <退出>: //选择水平基准线
指定要偏移的那一侧上的点，或 [退出(E)/多个(M)/放弃(U)] <退出>:
      //在水平基准线的上侧单击
选择要偏移的对象，或 [退出(E)/放弃(U)] <退出>: //空格键结束命令
命令:
OFFSET   //空格键重复偏移命令
当前设置: 删除源=否　图层=源　OFFSETGAPTYPE=0
指定偏移距离或 [通过(T)/删除(E)/图层(L)] <150.0000>:　520

//设置偏移距离为 520 后回车

选择要偏移的对象，或 [退出(E)/放弃(U)] <退出>:

//选择刚偏移出的水平辅助线

指定要偏移的那一侧上的点，或 [退出(E)/多个(M)/放弃(U)] <退出>:

//在水平辅助线的上侧单击

选择要偏移的对象，或 [退出(E)/放弃(U)] <退出>:　　//空格键结束命令

……

同理偏移出全部的水平辅助线。完成后如图 10-5 所示。

（5）按照图 10-6 所示的尺寸，利用"偏移"命令将竖直基准线及偏移后的竖直辅助线按由左至右的顺序进行偏移，得到竖直的辅助线。方法与绘制水平辅助线相同，不再赘述。

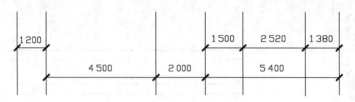

图 10-6　竖直辅助线间距

绘制完竖直辅助线后，效果如图 10-7 所示。

注意： 竖直辅助线也可利用已完成的平面图来绘制。先将完成的平面图以块的方式插入到当前的图形中，然后利用其轴线和边界线或其他特征点完成竖直辅助线的绘制。

（6）为了方便绘图，还需要将图 10-7 所示辅助线中多余的部分修剪掉，并添加阁楼楼梯底部的竖直辅助线 CD（CD 与最右侧辅助线 AB 的间距为 1 120）。完成后如图 10-8 所示。具体方法如下。

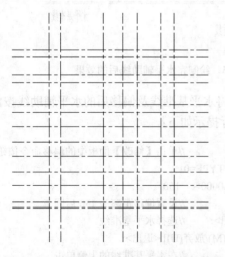

图 10-7　利用直线和偏移命令绘制的辅助线

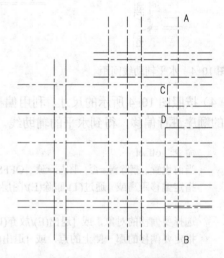

图 10-8　绘制完成的辅助线

① 打开正交方式，关闭对象捕捉方式，单击【绘图】面板中的直线命令按钮 ，在左上角需修剪的边界位置画一竖直的直线 EF。如图 10-9 所示。

② 单击【修改】面板中的修剪命令按钮 ，选择图 10-9 所示的直线 EF 和 IJ 为修剪边

界，将左上角多余的线段 MN、OP、GH、IJ 和 KL 修剪掉。

③ 单击【修改】面板中的删除命令按钮 ✎，将图 10-9 中作为边界的竖直线段 EF 删除。

④ 单击【修改】面板中的偏移命令按钮 ⬚，将如图 10-8 所示的竖直辅助线 AB 向左侧偏移 1120。

⑤ 单击【修改】面板中的修剪命令按钮 ✂，对辅助线中多余线段进行修剪，达到图 10-8 所示的效果，完成辅助线的绘制。

（7）单击快速访问工具栏中的保存命令按钮 🖫 保存文件。

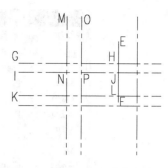

图 10-9　绘制一条竖直的直线 EF

10.3　绘制墙体、楼板、阁楼剖面、楼梯休息平台和地平线

打开上节中已存盘的"住宅剖面图.dwg"文件，进入 AutoCAD 2016 的绘图界面。进行绘制墙体、楼板、阁楼剖面和地平线的绘图工作。

10.3.1　建立多线样式

墙体、楼板、楼梯休息平台和屋面一般用多线命令绘制，本章的剖面图中，涉及两种墙体，楼梯间和外墙均为 370 墙，内墙均为 180 墙，楼板、楼梯休息平台和屋面厚度统一为 120。绘制前应首先设置多线样式，建立 180 墙和 370 墙及 LB（楼板）三种多线样式。这部分工作也可以在绘图环境中进行设置。

（1）单击下拉菜单栏中的【格式】|【多线样式】命令，弹出【多线样式】对话框。

（2）单击【多线样式】对话框中的【新建】按钮，弹出【创建新的多线样式】对话框，在对话框中输入新样式名为"370"，如图 10-10 所示。

图 10-10　【创建新的多线样式】对话框

（3）单击【创建新的多线样式】对话框中的【继续】按钮，退出【创建新的多线样式】对话框并弹出【新建多线样式:370】对话框，对其进行如下设置。

① 在说明文本框中输入"370 墙线"；

② 设置上边的线元素偏移"250"、下边的线元素偏移"−120"；

③ 其他选项均为默认值。

设置完的【新建多线样式:370】对话框如图 10-11 所示。

（4）单击【新建多线样式】对话框中的【确定】按钮，退出【新建多线样式】对话框，返回到【多线样式】对话框，完成"370"墙线样式的设置。

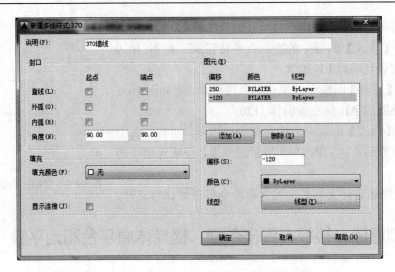

图 10-11　设置完的【新建多线样式:370】对话框

（5）类似地重复第（2）、（3）、（4）步，设置"180"墙线样式和"LB"楼板样式。相应的【新建多线样式】对话框设置分别为：

①　"180"墙线样式：样式说明为"180 墙样式"；上边的线元素偏移"90"、下边的线元素偏移"-90"。

②　"LB"楼板样式：样式说明为"楼板样式"；上边的线元素偏移 0、下边的线元素偏移"-120"。

三种多线样式设置完后的【多线样式】对话框如图 10-12 所示。

（6）单击【多线样式】对话框中的【确定】按钮，退出【多线样式】对话框，完成设置。

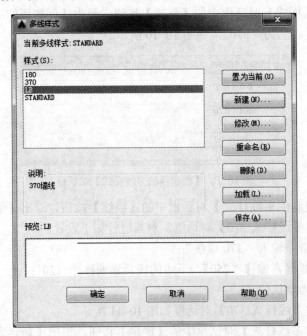

图 10-12　设置完三种多线样式后的【多线样式】对话框

　　注意：如果利用偏移辅助线的方法绘制墙体和楼板，就不需要设置多线样式，但绘图时速度较慢。

10.3.2　绘制墙体

（1）将"墙体"层设置为当前层。

（2）打开正交方式，关闭对象捕捉，在最下边的水平基准线 QR 下约 1 000 处画一条基线 ST。如图 10-13 所示。

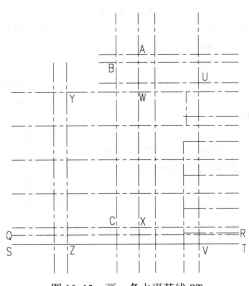

图 10-13　画一条水平基线 ST

（3）设置对象捕捉为"端点""交点"捕捉方式，利用多线命令绘制墙体。命令行提示如下：

命令: ml	// 输入"ml"回车，执行多线命令
MLINE	
当前设置: 对正 = 上，比例 = 20.00，样式 = STANDARD	
指定起点或 [对正(J)/比例(S)/样式(ST)]: j	// 修改对正类型为无
输入对正类型 [上(T)/无(Z)/下(B)] <上>: z	
当前设置: 对正 = 无，比例 = 20.00，样式 = STANDARD	
指定起点或 [对正(J)/比例(S)/样式(ST)]: s	// 修改比例为1
输入多线比例 <20.00>: 1	
当前设置: 对正 = 无，比例 = 1.00，样式 = STANDARD	
指定起点或 [对正(J)/比例(S)/样式(ST)]: st	// 修改当前样式为"370"
输入多线样式名或 [?]: 370	
当前设置: 对正 = 无，比例 = 1.00，样式 = 370	
指定起点或 [对正(J)/比例(S)/样式(ST)]:	// 捕捉辅助线交点 U（图 10-13）
指定下一点:	// 捕捉辅助线交点 V（图 10-13）
指定下一点或 [放弃(U)]:	//回车键结束命令
命令: MLINE	//空格键重复多线命令
当前设置: 对正 = 无，比例 = 1.00，样式 = 370	

指定起点或 [对正(J)/比例(S)/样式(ST)]:	// 捕捉辅助线交点 W（图 10-13）
指定下一点:	// 捕捉辅助线交点 X（图 10-13）
指定下一点或 [放弃(U)]:	//回车键结束命令
命令：MLINE	//空格键重复多线命令
当前设置: 对正 = 无，比例 = 1.00，样式 = 370	
指定起点或 [对正(J)/比例(S)/样式(ST)]:	// 捕捉辅助线交点 Z（图 10-13）
指定下一点:	// 捕捉辅助线交点 Y（图 10-13）
指定下一点或 [放弃(U)]:	//回车键结束命令
命令：MLINE	//空格键重复多线命令
当前设置: 对正 = 无，比例 = 1.00，样式 = 370	
指定起点或 [对正(J)/比例(S)/样式(ST)]: st	//设置当前多线样式为"180"
输入多线样式名或 [?]: 180	
当前设置: 对正 = 无，比例 = 1.00，样式 = 180	
指定起点或 [对正(J)/比例(S)/样式(ST)]:	// 捕捉辅助线交点 A（图 10-13）
指定下一点:	// 捕捉辅助线交点 W（图 10-13）
指定下一点或 [放弃(U)]:	//回车键结束命令
命令：MLINE	//空格键重复多线命令
当前设置: 对正 = 无，比例 = 1.00，样式 = 240	
指定起点或 [对正(J)/比例(S)/样式(ST)]:	// 捕捉辅助线交点 B（图 10-13）
指定下一点:	// 捕捉辅助线交点 C（图 10-13）
指定下一点或 [放弃(U)]:	//回车键结束命令

用多线命令绘制完的墙体及其与辅助线的关系如图 10-14 所示。

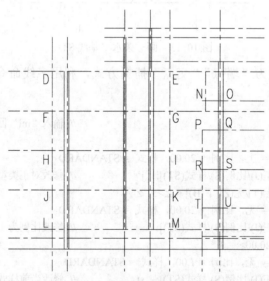

图 10-14　用多线命令绘制完的墙体及其与辅助线的关系

注意：在绘制线元素不对称的多线时，注意捕捉辅助线交点的先后顺序，图中三面墙的起始点顺序不一样，操作时请仔细检查。

10.3.3　绘制楼板和楼梯休息平台

（1）将"楼板"层设置为当前层，设置对象捕捉方式为"端点""交点"捕捉方式。

（2）利用多线命令绘制楼板。命令行提示如下：

命令: ml	// 输入 "ml" 回车，执行多线命令
MLINE	
当前设置: 对正 = 无，比例 = 1.00，样式 = 180	
指定起点或 [对正(J)/比例(S)/样式(ST)]:　st	//设置当前多线样式为 "LB"
输入多线样式名或 [?]:　lb	
当前设置: 对正 = 无，比例 = 1.00，样式 = LB	
指定起点或 [对正(J)/比例(S)/样式(ST)]:	//捕捉辅助线的交点 D（图 10-14）
指定下一点:	//捕捉辅助线的交点 E（图 10-14）
指定下一点或 [放弃(U)]:	//回车结束命令
命令:　MLINE	//回车重复多线命令
当前设置: 对正 = 无，比例 = 1.00，样式 = LB	
指定起点或 [对正(J)/比例(S)/样式(ST)]:	//捕捉辅助线的交点 F（图 10-14）
指定下一点:	//捕捉辅助线的交点 G（图 10-14）
指定下一点或 [放弃(U)]:	//回车结束命令
命令:　MLINE	//回车重复多线命令
当前设置: 对正 = 无，比例 = 1.00，样式 = LB	
...	

与上面类似，用多线命令，使当前样式为 "LB" 画出图 10-14 中 HI、JK、LM 之间的楼板。

（3）利用多线命令绘制楼梯休息平台。

与上面画楼板的方法相同，用多线命令，使当前样式为 "LB" 画出图 10-14 中 NO、PQ、RS、TU 之间的休息平台。命令行提示不再赘述。

用多线命令绘制完的墙体、楼板及楼梯休息平台的效果如图 10-15 所示。

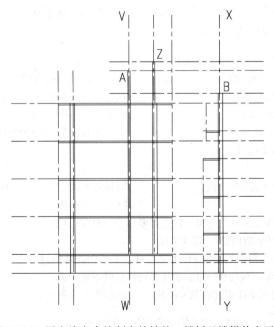

图 10-15　用多线命令绘制完的墙体、楼板及楼梯休息平台

注意：绘制楼板和楼梯休息平台时，也可只画一层的，修剪和填充完后再利用阵列或复制命令绘制其他层的。

10.3.4 绘制阁楼剖面

本章的剖面图实例中，由于阁楼剖面与楼板厚度相同，因此将它绘制在"楼板"层。

1. 添加辅助线

（1）将"辅助线"层设置为当前层，关闭对象捕捉方式。将图 10-15 中阁楼位置左侧的辅助线 VW 向左偏移 450，将最右侧的辅助线 XY 向右偏移 850，添加两条辅助线，作为阁楼剖面的左右边界。命令行提示如下：

```
命令: <对象捕捉 关>                      //关闭对象捕捉方式
命令: _offset                            //单击【修改】面板中的偏移命令按钮
当前设置: 删除源=否  图层=源  OFFSETGAPTYPE=0
指定偏移距离或 [通过(T)/删除(E)/图层(L)] <通过>: 450    //指定偏移距离为450
选择要偏移的对象，或 [退出(E)/放弃(U)] <退出>:          //选择辅助线 VW（图 10-15）
指定要偏移的那一侧上的点，或 [退出(E)/多个(M)/放弃(U)] <退出>:    //在左侧单击
选择要偏移的对象，或 [退出(E)/放弃(U)] <退出>:          //回车结束命令
命令: OFFSET                             //空格键重复偏移命令
当前设置: 删除源=否  图层=源  OFFSETGAPTYPE=0
指定偏移距离或 [通过(T)/删除(E)/图层(L)] <450.0000>: 850  //指定偏移距离为850
选择要偏移的对象，或 [退出(E)/放弃(U)] <退出>:          //选择辅助线 XY（图 10-15）
指定要偏移的那一侧上的点，或 [退出(E)/多个(M)/放弃(U)] <退出>:    //在右侧单击
选择要偏移的对象，或 [退出(E)/放弃(U)] <退出>:          //回车结束命令
```

（2）打开对象捕捉方式，设置捕捉方式为"交点"捕捉方式，利用直线命令和延伸命令绘制屋面的辅助线。命令行提示如下：

```
命令: _line 指定第一点: <对象捕捉 开>
             //单击【绘图】面板中的直线命令按钮   ，然后捕捉辅助线的交点 Z（图 10-15）
指定下一点或 [放弃(U)]:                   //捕捉辅助线的交点 B（图 10-15）
指定下一点或 [放弃(U)]:                   //回车结束命令
命令: _extend                            //单击【修改】面板中的延伸命令按钮
当前设置:投影=UCS，边=无
选择边界的边...
选择对象或 <全部选择>: 找到 1 个          //选择辅助线 EF（图 10-16）
选择对象:                                //回车结束选择
选择要延伸的对象，或按住 Shift 键选择要修剪的对象，或
[栏选(F)/窗交(C)/投影(P)/边(E)/放弃(U)]:
             //在上步所画的直线 ZB 上靠近 B 点处单击，延伸到 G 点（图 10-16）
选择要延伸的对象，或按住 Shift 键选择要修剪的对象，或
[栏选(F)/窗交(C)/投影(P)/边(E)/放弃(U)]:  //回车结束命令
```

添加完辅助线 CE、EF、ZG 的结果如图 10-16 所示。

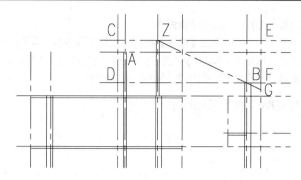

图 10-16　添加完辅助线后的结果

2．初始设置

将"楼板"层设置为当前层，设置对象捕捉为端点、交点捕捉方式。

3．利用多线命令绘制阁楼剖面

命令行提示如下：

命令: ml　　　　　　　　　　　　　　// 输入"ml"回车，执行多线命令
MLINE
当前设置: 对正 = 无，比例 =1.00，样式 =LB
指定起点或 [对正(J)/比例(S)/样式(ST)]:　　//捕捉辅助线的交点 C（图 10-16）作为起点
指定下一点:　　　　　　　　　　　//捕捉辅助线的交点 Z（图 10-16）
指定下一点或 [放弃(U)]:　　　　　　//捕捉辅助线的交点 G（图 10-16）
指定下一点或 [闭合(C)/放弃(U)]:　　//回车结束命令

4．绘制老虎窗上面屋面的余下部分

利用直线命令、延伸命令和矩形命令绘制老虎窗上面屋面的余下部分。命令行提示
如下：

命令: _line 指定第一点:
//单击【绘图】面板中的直线命令按钮 ，捕捉辅助线交点 Z（图 10-16）附近阁楼剖面下边线与
180 墙的左交点作为起点
指定下一点或 [放弃(U)]:　　　　　　//捕捉辅助线的交点 A（图 10-16）
指定下一点或 [放弃(U)]:　　　　　　//回车结束命令
命令: _extend　　　　　　　　　　//单击【修改】面板中的延伸命令按钮
当前设置:投影=UCS，边=无
选择边界的边...
选择对象或 <全部选择>:　找到 1 个　//选择辅助线 CD（图 10-16）
选择对象:　　　　　　　　　　　//回车结束选择
选择要延伸的对象，或按住 Shift 键选择要修剪的对象，或
[栏选(F)/窗交(C)/投影(P)/边(E)/放弃(U)]:
//在上步所画的直线 ZA 上靠近 A（图 10-16）点处单击，延伸到 H 点（图 10-17）
选择要延伸的对象，或按住 Shift 键选择要修剪的对象，或
[栏选(F)/窗交(C)/投影(P)/边(E)/放弃(U)]:　//回车结束命令
命令: _line 指定第一点:　//单击【绘图】面板中的直线命令按钮 ，捕捉 C 点（图 10-17）
指定下一点或 [放弃(U)]: //捕捉 H 点（图 10-17）

指定下一点或 [放弃(U)]:　　//回车结束命令

命令: _rectang　　　　　　　//单击【绘图】面板中的矩形命令按钮 ▭

指定第一个角点或 [倒角(C)/标高(E)/圆角(F)/厚度(T)/宽度(W)]:　//捕捉 C 点（图 10-17）

指定另一个角点或 [面积(A)/尺寸(D)/旋转(R)]: @200,100

此时的剖面图及与辅助线的关系如图 10-17 所示。

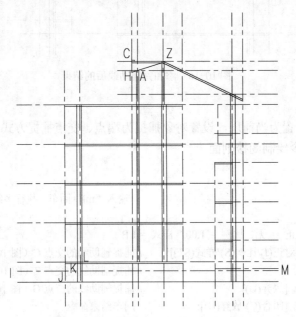

图 10-17　绘制阁楼剖面后的剖面图及与辅助线的关系

10.3.5　绘制地平线

（1）将"其他"层设置为当前层，将正交方式和对象捕捉方式打开，设置对象捕捉方式为"交点"和"端点"捕捉方式。

（2）利用多段线命令分别绘制室外和室内的地平线，同时画出楼梯底层第一梯段的踏步和雨篷前面的台阶。命令行提示如下：

命令: _pline　　　　　　　　//单击【绘图】面板中的多段线命令按钮 ⤵

指定起点:　　　　　　　　//捕捉到地平线左侧的起点 I（图 10-17）

当前线宽为 0.0000

指定下一个点或 [圆弧(A)/半宽(H)/长度(L)/放弃(U)/宽度(W)]: w　　//设置线宽为 30

指定起点宽度 <0.0000>: 30　　//回车

指定端点宽度 <30.0000>:　　//回车

指定下一个点或 [圆弧(A)/半宽(H)/长度(L)/放弃(U)/宽度(W)]:　　　　//捕捉到 J 点（图 10-17）

指定下一点或 [圆弧(A)/闭合(C)/半宽(H)/长度(L)/放弃(U)/宽度(W)]:　　//捕捉到 K 点（图 10-17）

指定下一点或 [圆弧(A)/闭合(C)/半宽(H)/长度(L)/放弃(U)/宽度(W)]:　　//回车结束命令

命令: PLINE　　　　　　　//空格键重复多段线命令

指定起点: <对象捕捉 开>　　//捕捉到地平线左侧的起点 L（图 10-17）

当前线宽为 30.0000

指定下一个点或 [圆弧(A)/半宽(H)/长度(L)/放弃(U)/宽度(W)]:　8880　　　　　//向右画 8880
指定下一点或 [圆弧(A)/闭合(C)/半宽(H)/长度(L)/放弃(U)/宽度(W)]: 173　　　//向下画 173
指定下一点或 [圆弧(A)/闭合(C)/半宽(H)/长度(L)/放弃(U)/宽度(W)]: 280　　　//向右画 280
指定下一点或 [圆弧(A)/闭合(C)/半宽(H)/长度(L)/放弃(U)/宽度(W)]: 173　　　//向下画 173
指定下一点或 [圆弧(A)/闭合(C)/半宽(H)/长度(L)/放弃(U)/宽度(W)]: 280　　　//向右画 280
指定下一点或 [圆弧(A)/闭合(C)/半宽(H)/长度(L)/放弃(U)/宽度(W)]: 174　　　//向下画 174
指定下一点或 [圆弧(A)/闭合(C)/半宽(H)/长度(L)/放弃(U)/宽度(W)]: 3590　　//向右画 3590
指定下一点或 [圆弧(A)/闭合(C)/半宽(H)/长度(L)/放弃(U)/宽度(W)]:150　　　//向下画 150
指定下一点或 [圆弧(A)/闭合(C)/半宽(H)/长度(L)/放弃(U)/宽度(W)]: 捕捉到 M 点（图 10-17）
指定下一点或 [圆弧(A)/闭合(C)/半宽(H)/长度(L)/放弃(U)/宽度(W)]:

关闭"辅助线"层后，绘制完地平线后的剖面图如图 10-18 所示。

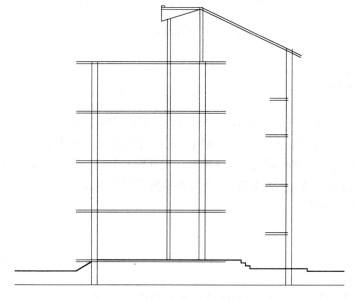

图 10-18　绘制完地平线后的剖面图

10.3.6　修改剖面图已绘制部分

图 10-18 所示的剖面图还非常粗糙，且不符合建筑制图规范，因此必须对其进行必要的修改。

（1）单击【修改】面板中的分解命令按钮 ，将全部多线进行分解。

（2）单击【修改】面板中的修剪命令按钮 ，将所有多余部分修剪掉。

（3）单击【修改】面板中的延伸命令按钮 ，对某些较短的线段延伸到边界。

（4）单击【绘图】面板中的直线命令按钮 ，将所有需填充的部分都绘制成闭合边界。

（5）单击【绘图】面板中的填充命令按钮 ，对楼板和坡屋面的剖切面进行填充。

本小节中涉及的命令在前面均已做详细讲解，因此这里不再详尽赘述操作步骤。修改后的剖面图如图 10-19 所示。

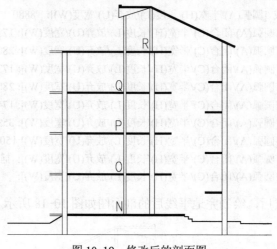

图 10-19　修改后的剖面图

10.4　绘制门窗

本章所绘的建筑剖面图，门窗都是被剖切的，它们的绘制方法与平面图中窗的绘制方法一致，可先建立门和窗的图形块，然后以插入块的方式绘制。但注意到此剖面图中的门只有两种类型，即 180 墙上 2 000 高的门和 370 墙上 2 000 高的门。因此，也可以采用每种类型的门只画出一个，再利用 AutoCAD 2016 默认的多重复制命令（或阵列）绘制出所有的门。本书采用第二种方法绘制门。

10.4.1　绘制门

绘制门的步骤如下。

（1）关闭"辅助线"层，设置"门窗"层为当前层，设置对象捕捉方式为"端点""中点""交点"捕捉方式。

（2）单击【绘图】面板中的矩形命令按钮▢，在任意位置画一个 180×2 000 的矩形。命令行提示如下：

```
命令:_rectang
指定第一个角点或 [倒角(C)/标高(E)/圆角(F)/厚度(T)/宽度(W)]:     //在绘图区任意位置单击
指定另一个角点或 [面积(A)/尺寸(D)/旋转(R)]: @180,2000          //以相对坐标确定另一角点
```

（3）空格键重复矩形命令，在附近画一个 370×2 000 的矩形。命令行提示如下：

```
RECTANG
指定第一个角点或 [倒角(C)/标高(E)/圆角(F)/厚度(T)/宽度(W)]:     //在绘图区任意位置单击
指定另一个角点或 [面积(A)/尺寸(D)/旋转(R)]: @370,2000          //以相对坐标确定另一角点
```

（4）运用分解命令将两个矩形分解成单个的线段，再运用偏移命令将 180×2 000 的矩形的左右两条垂直线向内偏移复制，偏移距离为 60，将 370×2 000 的矩形的左右两条垂直线向内偏移复制，偏移距离为 120。所绘制的两种类型的门如图 10-20 所示。

（5）单击【修改】面板中的复制命令按钮，将所绘的180墙的门多重复制到相应的位置。命令行提示如下：

命令: _copy
选择对象: 指定对角点: 找到 6 个　　//选择图 10-20 中左边的门
选择对象:　　　　　　　　　　　//空格键结束选择
当前设置:　复制模式 = 多个
指定基点或 [位移(D) /模式(O)] <位移>:　　//捕捉 180 门的左下角为基点
指定第二个点或　[阵列(A)] <使用第一个点作为位移>:　//捕捉 N 点（图 10-19）为第二点
指定第二个点或 [阵列(A)/退出(E)/放弃(U)] <退出>:　//捕捉 O 点（图 10-19）为第二点
指定第二个点或 [阵列(A)/退出(E)/放弃(U)] <退出>:　//捕捉 P 点（图 10-19）为第二点
指定第二个点或 [阵列(A)/退出(E)/放弃(U)] <退出>:　//捕捉 Q 点（图 10-19）为第二点
指定第二个点或 [阵列(A)/退出(E)/放弃(U)] <退出>:　//捕捉 R 点（图 10-19）为第二点
指定第二个点或 [阵列(A)/退出(E)/放弃(U)] <退出>:　//回车结束命令

（6）单击【修改】面板中的复制命令按钮，将所绘的370墙的门多重复制到相应的位置。与上一步方法相同，不再赘述。

（7）单击【修改】面板中的删除命令按钮，删除第（2）至第（4）步所画的门。命令行提示如下：

命令: _erase
选择对象: 指定对角点: 找到 12 个　//选择第（2）至第（4）步所画的门
选择对象:　　　　　　　　　　　//回车结束命令

绘制完门后的剖面图如图 10-21 所示。

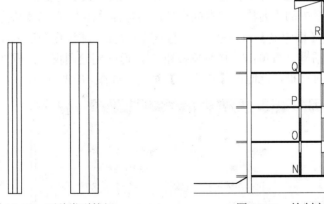

图 10-20　两种类型的门　　　　　　图 10-21　绘制完门后的剖面图

10.4.2　绘制窗

本章所绘剖面图中，窗的类型比较多，适合用插入块的方式绘制。相同的窗还可用阵列或复制命令继续完成。下面说明窗的绘制步骤。

1．建立窗块

（1）设置 0 层为当前层，单击【绘图】面板中的矩形命令按钮，在绘图区任意位置画一个 100×1 000 的矩形。命令行提示如下：

命令：_rectang
指定第一个角点或 [倒角(C)/标高(E)/圆角(F)/厚度(T)/宽度(W)]：   //在绘图区任意位置单击
指定另一个角点或 [面积(A)/尺寸(D)/旋转(R)]：@100,1000   //以相对坐标确定另一角点

（2）单击【修改】面板中的分解命令按钮，将 100×1 000 的矩
形分解。命令行提示如下：

命令：_explode
选择对象：找到 1 个   //选择上一步所画的100×1000 的矩形
选择对象：   //回车结束命令

（3）单击【修改】面板中的偏移命令按钮，设置偏移距离为 33，
将 100×1 000 矩形的左右边界分别向矩形内偏移，画出窗的形状。如
图 10-22 所示。命令行提示如下：

命令：_offset
当前设置：删除源=否 图层=源 OFFSETGAPTYPE=0   图 10-22　窗的形状
指定偏移距离或 [通过(T)/删除(E)/图层(L)] <通过>：33
    //指定偏移距离为 33
选择要偏移的对象，或 [退出(E)/放弃(U)] <退出>：   //选择 100×1000 矩形的左边界
指定要偏移的那一侧上的点，或 [退出(E)/多个(M)/放弃(U)] <退出>：   //在矩形右侧单击
选择要偏移的对象，或 [退出(E)/放弃(U)] <退出>：   //选择 100×1000 矩形的右边界
指定要偏移的那一侧上的点，或 [退出(E)/多个(M)/放弃(U)] <退出>：   //在矩形左侧单击
选择要偏移的对象，或 [退出(E)/放弃(U)] <退出>：   //回车结束命令

（4）单击【块】面板中的创建块命令按钮，弹出【块定义】对话框。

（5）在【块定义】对话框中的【名称】文本框中输入名称为"ch"，单击【块定义】对话
框中的拾取点按钮，退出【块定义】对话框，返回到绘图界面，捕捉窗图形的左下角为插
入点，又弹出【块定义】对话框，再单击选择对象按钮，返回到绘图窗口，框选窗图形，
单击右键返回到【块定义】对话框，此时的【块定义】对话框如图 10-23 所示。

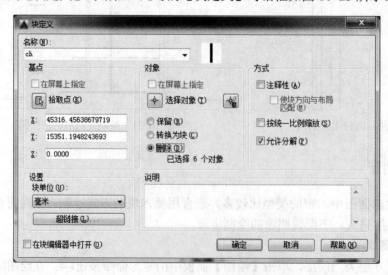

图 10-23　设置完的【块定义】对话框

（6）选中【块定义】对话框中的【删除】单选按钮，再单击对话框中的【确定】按钮，完成了窗块"ch"的创建任务。

2. 插入窗块

左侧 370 墙上各层的窗相同，可只画出底层的，其他的用阵列或复制命令画出。右侧 370 墙上的窗画法与左侧的相同。阁楼 180 墙上的窗需单独画出。

（1）将"门窗"层设为当前层，单击【块】面板中的插入块按钮，选择"更多选项"，弹出【插入】对话框，选择块名为"ch"，设置 X 方向比例为 3.7、Y 方向的比例为 1.7，其他设置不变，如图 10-24 所示。

图 10-24　设置完的【插入】对话框

（2）单击【插入】对话框中的【确定】按钮，返回到绘图界面。命令行提示如下：

命令: _insert
指定插入点或
[基点(B)/比例(S)/X/Y/Z/旋转(R)]: _from
　　　　//按住键盘上的 Shift 键，单击鼠标右键，选择"自"命令
基点: <偏移>: @0,900
　　　　//捕捉底层阳台楼面与左侧外墙的交点 S（图 10-25），输入相对坐标@0，900 并回车

绘制完成底层左侧 370 墙上的窗如图 10-25 所示。

（3）重复（1）、（2）步，插入阁楼 180 外墙上的窗，在【插入】对话框中输入 X 方向比例为 1.8，Y 方向比例为 1.5，窗的底边距楼地面仍为 900。完成后如图 10-26 所示。

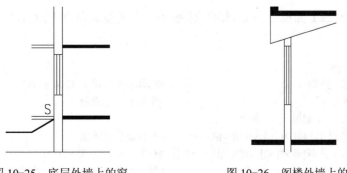

图 10-25　底层外墙上的窗　　　　　　　图 10-26　阁楼外墙上的窗

（4）打开"辅助线"层，重复（1）、（2）步，插入右侧 370 外墙上高为 1 200 的窗，在【插入】对话框中输入 X 方向比例为 3.7，Y 方向比例为 1.2，窗底边与二楼地面辅助线平齐。完成后如图 10-27 所示。

（5）重复（1）、（2）步，插入右侧 370 外墙上高为 600 的窗，在【插入】对话框中输入 X 方向比例为 3.7，Y 方向比例为 0.6，窗底边与四层楼地面辅助线平齐。完成后如图 10-28 所示。

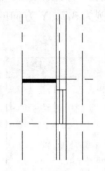

图 10-27   右外墙上窗（一）   图 10-28   右外墙上的窗（二）

3．阵列出其他的窗

（1）单击【修改】面板中的阵列命令按钮，根据命令行提示操作如下：

```
命令: _arrayrect
选择对象: 指定对角点: 找到 6 个              //选择底层左侧外墙上的窗
选择对象:                                  //回车
类型 = 矩形  关联 = 是
选择夹点以编辑阵列或 [关联(AS)/基点(B)/计数(COU)/间距(S)/列数(COL)/行数(R)/层数(L)/退出
(X)] <退出>: R                            //输入 R 并回车，选择"行数"选项
输入行数或 [表达式(E)] <3>: 4              //输入 4 并回车
指定 行数 之间的距离或 [总计(T)/表达式(E)] <1500.0000>: 3000    //输入 3000 并回车
指定 行数 之间的标高增量或 [表达式(E)] <0.0000>:            //回车
选择夹点以编辑阵列或 [关联(AS)/基点(B)/计数(COU)/间距(S)/列数(COL)/行数(R)/层数(L)/退出
(X)] <退出>: COL                          //输入 COL 并回车，选择"列数"选项
输入列数或 [表达式(E)] <4>: 1              //输入 1 并回车
指定 列数 之间的距离或 [总计(T)/表达式(E)] <150.0000>:        //回车
选择夹点以编辑阵列或 [关联(AS)/基点(B)/计数(COU)/间距(S)/列数(COL)/行数(R)/层数(L)/退出
(X)] <退出>:                              //回车
```

（2）单击【修改】面板中的复制命令按钮，利用复制命令画出右侧外墙上所有的窗，命令行提示如下：

```
命令: _copy
选择对象: 找到 1 个                        //选择右侧外墙上 1200 高的窗
选择对象:                                  //空格键结束选择
当前设置:  复制模式 = 多个
指定基点或 [位移(D) /模式(O)] <位移>:        //在任意位置单击
指定第二个点或[阵列(A)] <使用第一个点作为位移>: <正交 开> 3000
                                         //打开正交方式，向上偏移 3000
```

指定第二个点或 [阵列(A)/退出(E)/放弃(U)] <退出>:	//空格键结束命令
COPY	//空格键重复复制命令
选择对象: 找到 1 个	//选择右侧外墙上 600 高的窗
选择对象:	//空格键结束选择
当前设置: 复制模式 = 多个	
指定基点或 [位移(D) /模式(O)] <位移>:	//在任意位置单击
指定第二个点或[阵列(A)] <使用第一个点作为位移>: 2000	//向上偏移 2000
指定第二个点或 [阵列(A)/退出(E)/放弃(U)] <退出>:	//空格键结束命令

绘制完窗后的剖面图如图 10-29 所示。

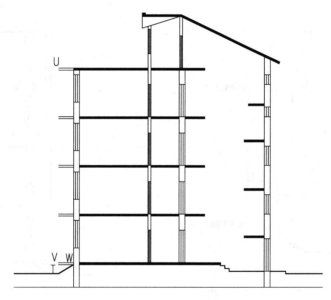

图 10-29　绘制完窗后的剖面图

10.5　绘制阳台、平屋顶、装饰栅栏和雨篷

10.5.1　绘制阳台

本章所绘剖面图中，阳台未被剖切，其画法比较简单，阳台的楼板可直接作为室外墙面上的装饰线。阳台的外轮廓线和弧形窗的边界线可直接用直线命令和复制命令绘制。阳台的窗台线只需画出一条，其他的用阵列命令阵列即可完成。下面说明阳台的绘制步骤。

（1）关闭"辅助线"层，将"阳台"层设置为当前层，设置对象捕捉方式为"端点"捕捉方式。

（2）选择所有表示阳台楼板的双线，利用【图层】面板中的图层列表框 ♀ ☼ 🔓 ■ 辅助线 　　　▼ 将其图层改为"阳台"层。

（3）单击【绘图】面板中的直线命令按钮 ✐，捕捉底层阳台楼板左下角点 T（图 10-29）和阳台屋面右上角点 U（图 10-29），绘制完阳台的外轮廓线。

（4）打开正交方式，单击【修改】面板中的复制命令按钮 ，选择阳台的外轮廓线 TU，单击右键结束选择，复制并向右偏移 300，回车结束复制命令，绘制弧形窗的边界。

（5）单击【修改】面板中的修剪命令按钮 ，修剪掉弧形窗边界与楼板相交的部分。

（6）空格键重复复制命令，选择底层阳台楼板的上边线 VW（图 10-29），单击右键结束选择，单击任一点为基点，复制并向上偏移 600，回车结束复制命令，绘制完底层阳台的窗台线 XY（图 10-30）。

（7）单击【修改】面板中的阵列命令按钮 ，选择底层阳台的窗台线 XY（图 10-30）阵列 4 行 1 列，行偏移距离为 3 000，列偏移距离 0，完成所有阳台窗台线的绘制。绘制完的阳台如图 10-31 所示。

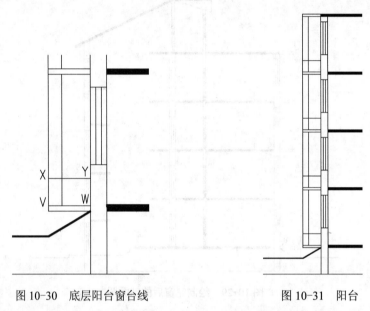

图 10-30　底层阳台窗台线　　　　　　图 10-31　阳台

10.5.2　绘制平屋顶和装饰栅栏

绘制步骤如下。

（1）关闭"辅助线"层，将"其他"层设置为当前层。设置对象捕捉方式为"端点""中点"捕捉方式。

（2）分别单击【绘图】面板中的矩形命令按钮 ，画三个尺寸分别为 240×200、340×100、440×50 的小矩形。然后分别单击【修改】面板中的移动命令按钮 ，将三个矩形移动到剖面图屋顶左上角的位置，上下叠放在一起，构成如图 10-32 所示的状态。

（3）单击【修改】面板中的修剪命令按钮 ，修剪三个矩形，只留下外轮廓线。绘制完女儿墙。

（4）将"阳台"层设置为当前层，单击【绘图】面板中的直线命令按钮 ，利用"端点"和"交点"捕捉，绘制出阳台顶的坡屋面。

（5）将"其他"层设置为当前层，单击【绘图】面板中的直线命令按钮 ，绘制出平屋顶上的坡屋面线。

（6）利用第 9 章中绘制装饰栏杆的方法绘制出装饰栅栏立柱和栏杆。

绘制完成的平屋顶和装饰栅栏如图 10-33 所示。

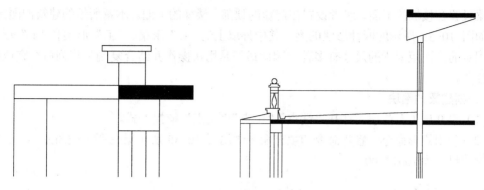

图 10-32　将三个矩形移动到适当的位置　　　　　图 10-33　平屋顶和装饰栅栏

10.5.3　绘制雨篷

雨篷顶盖是一个 1 000×350 的矩形，雨篷顶盖底面标高在外门上 150 处，圆柱可用几条竖直的平行线表示。绘制步骤如下。

（1）打开正交方式，将"其他"层设置为当前层，设置对象捕捉方式为"端点"和"交点"捕捉方式。

（2）单击【绘图】面板中的矩形命令按钮 ▢，按住键盘上的 Shift 键，单击鼠标右键，单击"自"命令，捕捉到底层右外门与墙外边线的右上交点 Z（图 10-34），以相对坐标@0,150确定矩形的左下角，再输入右上角的相对坐标@1000,350 回车，完成雨篷顶盖的绘制。

（3）单击【绘图】面板中的直线命令按钮 ╱，按住键盘上的 Shift 键，单击鼠标右键，单击"自"命令，捕捉到雨篷顶盖的右下角 A（图 10-34），以相对坐标@-100,0 确定直线的起点，再输入下一点的相对坐标@0,2150，回车，再回车退出直线命令。

（4）单击【修改】面板中的偏移命令按钮 ▨，设置偏移距离为 50，将刚才所绘制的直线依次向左偏移三条，绘制完圆柱。

绘制完的雨篷如图 10-34 所示。

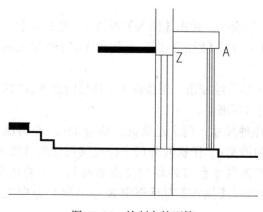

图 10-34　绘制完的雨篷

10.6　绘制梁和圈梁

梁设置在楼板的下面，或者设置在门窗的顶部、楼梯的下面。本章所绘的建筑剖面图中，共有如图 10-35 所示的四种形状的梁。其中外墙上的"C"形梁、"工"形梁和"L"形梁尺寸是固定的，而矩形梁的尺寸有多种。因此最好是用块操作并结合复制和阵列命令完成梁的绘制任务。

1．创建梁的图块

（1）设 0 层为当前层，打开"端点""中点""交点"捕捉方式。

（2）利用矩形命令、修剪命令和填充命令画出图 10-35 所示梁的四个截面图形。其中矩形的梁的尺寸为 100×100。

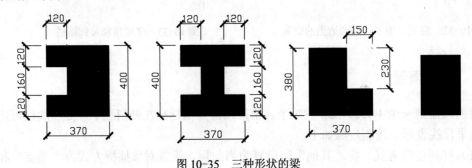

图 10-35　三种形状的梁

（3）利用创建块命令，将四个图形分别创建为块，名称分别为"LC"（"C"形梁）、"LG"（"工"形梁）、"LL"（"L"形梁）和"LJ"（矩形梁），"LC""LG""LL"三种块的插入点均设置为图形自身的左上角。矩形梁块"LJ"的插入点设置为图形自身的左下角。

2．插入梁块

利用插入块命令，对尺寸和形状各异的梁分别画出一个。

（1）打开"辅助线"层，设置"梁"层为当前层。设置对象捕捉方式为"端点"和"交点"捕捉方式。

（2）单击【块】面板中的插入块命令按钮，弹出【插入】对话框，选择块名为"LC"，单击【确定】按钮，捕捉到二层楼板与左外墙交接处的左上角 B（图 10-36），画出一个"C"形的梁。

（3）空格键重复插入块命令，弹出【插入】对话框，选择块名为"LJ"，设置 X 方向比例为 1.8，Y 方向比例为 1.5，单击【确定】按钮，捕捉到底层 180 墙上窗的左上角 C（图 10-36），画出一个矩形梁。

（4）多次重复第（3）步，绘制出二层楼板下和底层门上所有的矩形梁，以及楼梯梁、右侧外墙和阁楼侧墙上的所有矩形梁。

对矩形梁，有如下几种尺寸：门上过梁高度均为 150，宽为墙宽；楼板与墙体相交部位，梁高均为 400，宽为墙宽；楼梯间外门上的过梁尺寸为 370×300；楼梯梁的尺寸均为 200×330；四层楼梯休息平台与外墙的交点处及其上下的两个窗附近的梁尺寸均为 370×200。在绘制这些梁时，【插入】对话框中 X 方向和 Y 方向的比例必须按实际情况输入相应的比例。

（5）空格键重复插入块命令，弹出【插入】对话框，选择块名为"LG"，单击【确定】按钮，捕捉到二层楼面的辅助线与右侧外墙交接处的左上角 D（图 10-36），画出一个"工"形梁。

3. 阵列其他形状和尺寸相同的梁

单击【修改】面板中的阵列命令按钮，选择前面所画的 B、C、D、E、F、G、H 各点（图 10-36）处的梁，输入阵列行数 4，列数 1，行偏移距离 3 000，列偏移距离 0，绘制完大部分的梁。

4. 修改并补画其他的梁

删除右侧外墙上多阵列出的"工"形梁，然后利用直线、移动和填充等命令画出阁楼坡屋面与墙交点部位的梁，再利用复制、直线、填充、修剪等命令补画或修改梁。

绘制完梁之后的剖面图如图 10-36 所示。

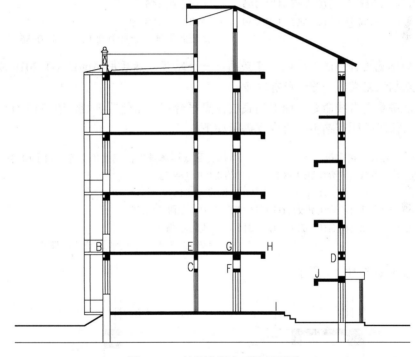

图 10-36　绘制完梁之后的剖面图

10.7　绘制楼梯

剖面图中，楼梯剖面是最常见的，也是绘制时最复杂的。在本章绘制的剖面图中，楼梯共有三种样式：底层楼梯；二、三层楼梯；四层楼梯。对二、三层的楼梯，可只画出二层的，然后利用复制命令将绘制好的二层楼梯复制到第三层。一般情况下，如果很多相邻层楼梯的样式完全相同，则只需画其中一层的，然后用阵列命令复制出其他层的楼梯。

10.7.1 绘制底层楼梯

1. 初始设置

打开"辅助线"层，将"楼梯" 层设置为当前层，设置对象捕捉方式为"端点"和"中点"捕捉方式，打开正交方式。

2. 绘制踏步

（1）单击【绘图】面板中的直线命令按钮，捕捉到辅助线的交点 I（图 10-36）作为起点，再依次绘制第一梯段的所有踏步。命令行提示如下：

命令: _line 指定第一点：	//捕捉到辅助线的交点 I（图 10-36）作为起点
指定下一点或 [放弃(U)]: 165	//向上画 165
指定下一点或 [放弃(U)]: 280	//向右画 280
指定下一点或 [闭合(C)/放弃(U)]: 165	//向上画 165
指定下一点或 [闭合(C)/放弃(U)]: 280	//向右画 280
…	//依此类推，一直画到 J 点（图 10-36）

注意： 如感觉这种画法太麻烦，可只画出一个踏步，然后用 AutoCAD 2016 默认的多重复制结合端点捕捉完成第一跑的所有踏步。

（2）空格键重复直线命令，捕捉到底层休息平台左上角位置 J（图 10-36）作为起点，再依次绘制第二梯段的所有踏步。命令行提示如下：

命令： LINE 指定第一点：	//捕捉到底层休息平台左上角位置 J（图 10-36）作为起点
指定下一点或 [放弃(U)]: 168.75	//向上画 168.75
指定下一点或 [放弃(U)]: 315	//向左画 315
指定下一点或 [闭合(C)/放弃(U)]: 168.75	//向上画 168.75
指定下一点或 [闭合(C)/放弃(U)]: −315	//向左画 315
…	//依此类推，一直画到 H 点（图 10-36）

此时的效果如图 10-37 所示。

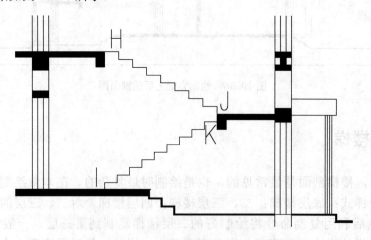

图 10-37 绘制完踏步后的底层楼梯

3．绘制梯段板

（1）空格键重复直线命令，分别捕捉第一梯段的左下角 I（图 10-37）和右上角 K（图 10-37）画一直线。命令行提示如下：

命令：　LINE　指定第一点：　　　　　　　　//捕捉到第一梯段的左下角 I（图 10-37）
指定下一点或 [放弃(U)]：　　　　　　　　　//捕捉到第一梯段的右上角 K（图 10-37）
指定下一点或 [放弃(U)]：　　　　　　　　　//空格键结束命令

（2）单击【修改】面板中的偏移命令按钮 ，将所绘直线 IK 向右下方偏移 120。命令行提示如下：

命令：_offset
当前设置：删除源=否　　图层=源　　OFFSETGAPTYPE=0
指定偏移距离或 [通过(T)/删除(E)/图层(L)] <通过>：　120　　　　//指定偏移距离为 120
选择要偏移的对象，或 [退出(E)/放弃(U)] <退出>：　　　　　　　//选择直线 IK
指定要偏移的那一侧上的点，或 [退出(E)/多个(M)/放弃(U)] <退出>：　//在直线 IK 右下方单击
选择要偏移的对象，或 [退出(E)/放弃(U)] <退出>：　　　　　　　//空格键结束命令

（3）单击【修改】面板中的删除命令按钮 ，将第一条直线 IK 删除。命令行提示如下：

命令：_erase
选择对象：找到 1 个　　　　　　　//选择直线 IK
选择对象：　　　　　　　　　　　//空格键结束命令

（4）再利用延伸命令和修剪命令修改偏移出的直线，绘制完成第一梯段的梯段板 LM，如图 10-38 所示。

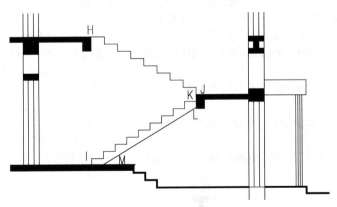

图 10-38　绘制完第一梯段的梯段板 LM 后的效果

（5）重复第（1）至第（4）步，绘制第二梯段的梯段板。

（6）单击【绘图】面板中的填充命令按钮 ，输入 T 并回车，弹出【图案填充和渐变色】对话框，选择图案为 "SOLID"，单击【添加：拾取点】按钮，退出【图案填充和渐变色】对话框，返回到绘图界面，在第一梯段 IKLM（图 10-38）内单击，确定后又弹出【图案填充和渐变色】对话框，单击【确定】按钮，完成第一梯段剖切截面的绘制。

此时，底层的楼梯如图 10-39 所示。

4. 绘制护栏

（1）绘制护栏的栏杆。护栏的栏杆可使用多线命令绘制，然后分解，再使用复制命令将其余的栏杆绘制出来。命令行提示如下：

```
命令: ml              //输入 ML 回车，执行多线命令
MLINE
当前设置: 对正 = 无, 比例 = 1.00, 样式 = LB
指定起点或 [对正(J)/比例(S)/样式(ST)]: st
输入多线样式名或 [?]:  standard              //将当前多线样式修改为 STANDARD
当前设置: 对正 = 无, 比例 = 1.00, 样式 = STANDARD
指定起点或 [对正(J)/比例(S)/样式(ST)]: s
输入多线比例 <1.00>:  15                      //将多线比例改为 15
当前设置: 对正 = 无, 比例 = 15.00, 样式 = STANDARD
指定起点或 [对正(J)/比例(S)/样式(ST)]:          //捕捉第一梯段第一踏步的中点 N（图 10-39）
指定下一点:  900                              //向上画 900 到 Q 点（如图 10-40 所示）
指定下一点或 [放弃(U)]:                        //回车结束命令
命令: _explode                                //单击【修改】面板中的分解命令按钮
选择对象: 指定对角点: 找到 1 个                //选择前面画的多线 NQ（图 10-40）
选择对象:                                     //回车结束命令
命令: _copy                                   //单击【修改】面板中的复制命令按钮
选择对象: 指定对角点: 找到 2 个                //选择由多线 NQ 分解出来的两条直线
选择对象:                                     //回车结束命令
当前设置:  复制模式 = 多个
指定基点或 [位移(D)/模式(O)] <位移>:  //捕捉第一梯段第一踏步的中点 N 作为基点（图 10-40）
指定第二个点或[阵列(A)]  <使用第一个点作为位移>: @-280,-165
              //将两线段向左下方复制到地平上为 RS（图 10-40）
指定第二个点或[阵列(A)/退出(E)/放弃(U)] <退出>:     //捕捉第二踏步中点 O（图 10-39）
指定第二个点或[阵列(A)/退出(E)/放弃(U)] <退出>:     //捕捉第三踏步中点 P（图 10-39）
…                                              //依此类推,直至绘制完成底层楼梯所有踏步上的栏杆
指定第二个点或[阵列(A)/退出(E)/放弃(U)] <退出>:@2540,1485
                     //在底层楼梯休息平台上复制一栏杆
指定第二个点或[阵列(A)/退出(E)/放弃(U)] <退出>:@-300,2835
                     //在二层地面上复制一栏杆
指定第二个点或[阵列(A)/退出(E)/放弃(U)] <退出>:     //回车结束命令
```

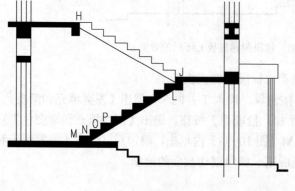

图 10-39　底层楼梯

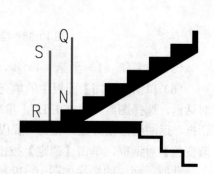

图 10-40　护栏的栏杆 NQ

（2）绘制护栏扶手。护栏扶手也可使用多线命令绘制，然后分解。命令行提示如下：

```
命令: ml                                        //输入 ML 回车，执行多线命令
MLINE
当前设置: 对正 = 无，比例 = 15.00，样式 = STANDARD
指定起点或 [对正(J)/比例(S)/样式(ST)]:  s
输入多线比例 <15.00>:  30                        //将多线比例改为 30
当前设置: 对正 = 无，比例 = 30.00，样式 = STANDARD
指定起点或 [对正(J)/比例(S)/样式(ST)]:          //捕捉点 S（图 10-41）
指定下一点:                                      //捕捉点 T（图 10-41）
指定下一点或 [放弃(U)]:  @150,0                  //向右画 150
指定下一点或 [闭合(C)/放弃(U)]:                  //回车结束命令
命令:
MLINE                                           //空格键重复多线命令
当前设置: 对正 = 无，比例 = 30.00，样式 = STANDARD
指定起点或 [对正(J)/比例(S)/样式(ST)]:          //捕捉点 T（图 10-41）
指定下一点:                                      //捕捉点 U（图 10-41）
指定下一点或 [放弃(U)]: @-450,0                  //向左画 450
指定下一点或 [闭合(C)/放弃(U)]:                  //回车结束命令
命令: _explode                                  //单击【修改】面板中的分解命令按钮
选择对象: 找到 1 个                              //选择前面绘制的护栏扶手
选择对象: 找到 1 个，总计 2 个
选择对象:                                        //回车结束命令
```

此时的底层楼梯如图 10-41 所示。

（3）删除掉多余的栏杆 RS（图 10-41），然后利用修剪命令、直线命令对护栏的栏杆和扶手进行修改，完成护栏的绘制。

绘制完成的底层楼梯如图 10-42 所示。

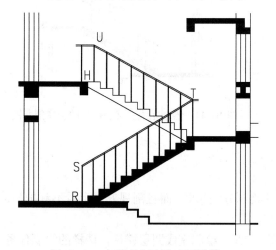

图 10-41　初步绘制完的底层楼梯

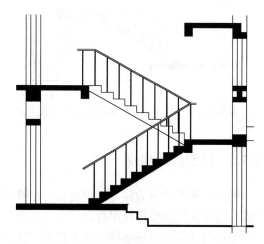

图 10-42　绘制完成的底层楼梯

10.7.2　绘制二、三层楼梯

1．绘制二层楼梯

二层楼梯的绘制方法与底层楼梯的绘制方法完全相同，在此不再赘述。

但必须注意，二层第一梯段的踏步宽为 280、高为 158；第二梯段的踏步宽为 280、高为 157.78，第二梯段最后一个踏步高为 157.76。绘制完成二层楼梯后的楼梯剖面图如图 10-43 所示。

2．绘制三层楼梯

前面讲过，如果相邻几层的楼梯完全相同，可只画出其中的一层，然后利用阵列命令将已画出的楼梯进行阵列，绘制完成其他层与此相同的楼梯。但本例中，只有第三层的楼梯与二层的楼梯完全相同，因此可用复制命令将二层楼梯整体复制到第三层。然后再综合利用修剪、删除和延伸等命令对复制出的楼梯进行修改。绘制完成三层楼梯后的楼梯剖面图如图 10-44 所示。

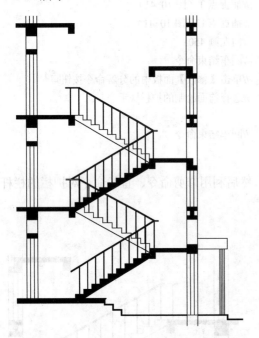

图 10-43　绘制完成二层楼梯后的楼梯剖面图

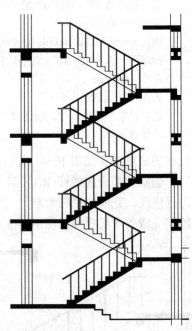

图 10-44　绘制完成三层楼梯后的楼梯剖面图

10.7.3　绘制四层楼梯

四层楼梯的绘制方法与底层楼梯一个梯段的绘制方法相同，而且剖视方向上看不到护栏。只需画出被剖切的梯段板即可。

但必须注意，四层楼梯的踏步宽为 278、高为 220。绘制完成四层楼梯，楼梯的绘制任务全部完成。此时的剖面图如图 10-45 所示。

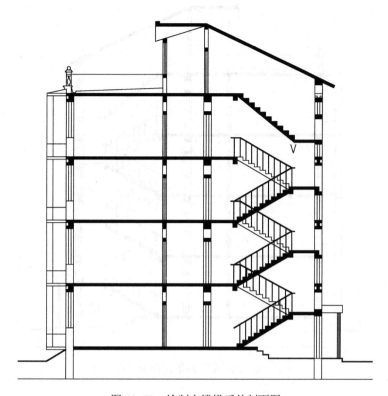

图 10-45 绘制完楼梯后的剖面图

10.8 绘制配电箱

在本章所绘的剖面图中，楼梯休息平台下面设有配电箱。配电箱的画法非常简单，先在四层休息平台下的相应位置画一个矩形，表示配电箱，再利用阵列命令，阵列出其他各层的配电箱。可将配电箱绘制在"其他"图层中。

（1）将"辅助线"层保持关闭状态，将"其他"层设置为当前层，设置对象捕捉方式为"端点""交点"捕捉方式。

（2）单击【绘图】面板中的矩形命令按钮▭，画一个矩形。命令行提示如下：

命令: _rectang
指定第一个角点或 [倒角(C)/标高(E)/圆角(F)/厚度(T)/宽度(W)]: _from 基点: <偏移>: @200,-100
　　//按住键盘上的 Shift 键，单击鼠标右键，在快捷菜单中选择"自"命令，捕捉四层楼梯休息平台左下角点 V（图 10-45）作为参照点，输入相对坐标@200,-100，确定矩形的第一个角点
指定另一个角点或 [面积(A)/尺寸(D)/旋转(R)]: @500,-400
　　　　　　　　　　　//利用相对直角坐标@500,-400，确定矩形的另一个角点

（3）单击【修改】面板中的阵列命令按钮▦，选择上一步所画的矩形，阵列行数 4，列数 1，行偏移-3 000，列偏移 0，完成配电箱的绘制。

到此为止，剖面图的图形绘制任务已全部完成，此时的剖面图如图 10-46 所示。

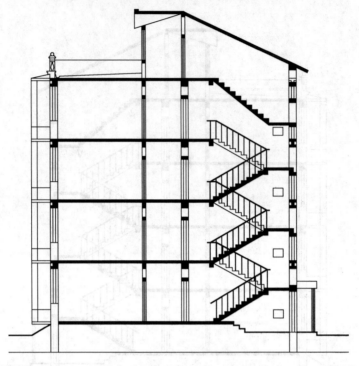

图 10-46　已绘制完成的剖面图图形部分

10.9　剖面图标注

10.9.1　尺寸标注

在剖面图中，应该标出被剖切部分的必要尺寸，包括竖直方向剖切部位的尺寸和标高。外墙需要标注门窗洞口的高度尺寸以及相应位置的标高。

在建筑剖面图中，还需要标注出轴线符号，以表明剖面图所在的范围，本章的剖面图需要标注出 4 条轴线的编号，分别是 A 轴、B 轴、C 轴和 E 轴。

剖面图标高的标注方法与立面图相同，先绘制出标高符号，再以三角形的顶点作为插入基点，保存成图块。然后依次在相应的位置插入图块即可。

剖面图细部尺寸和轴号的标注方法与平面图完全相同，在此不再赘述。

10.9.2　文字注释

在建筑剖面图中，除了图名外，还需要对一些特殊的结构进行说明，比如详图索引、坡度等。文字注释的基本步骤与平面图和立面图的文字标注基本相同，在此不再赘述。

完成尺寸标注和文字标注后的剖面图如图 10-47 所示。

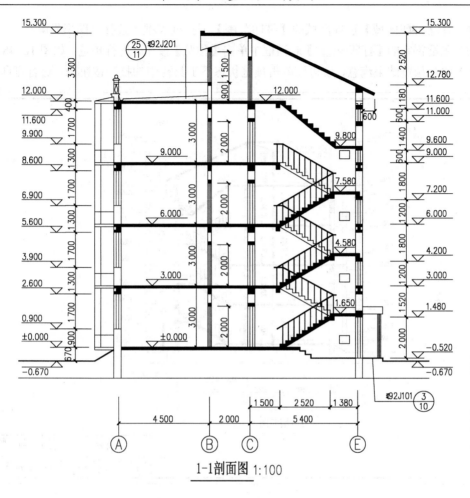

图 10-47　标注完成的剖面图

打开"标题栏"层，调整剖面图在标题栏中的位置，绘制完成的剖面图如图 10-1 所示。剖面图绘制完成后，注意保存文件。

10.10　打印输出

打印输出步骤如下。

（1）打开前面几节绘制完成的"住宅剖面图.dwg"文件为当前图形文件。

（2）单击快速访问工具栏中的打印命令按钮🖶，弹出【打印-模型】对话框。

（3）在【打印-模型】对话框中的【打印机/绘图仪】选项区域中的【名称】下拉列表框中选择系统所使用的绘图仪类型，本例中选择 8.8 节中存盘的"DWF6 ePlot-（A3-H）.pc3"型号的绘图仪作为当前绘图仪。

（4）在【图纸尺寸】选项区域中的【图纸尺寸】下拉列表框内选择"ISO A3（420.00×297.00mm）"图纸尺寸。

（5）在【打印比例】选项区域内勾选【布满图纸】单选按钮。

（6）在【打印区域】选项区域的【打印范围】下拉列表框中选择"图形界限"。

（7）在设置完的【打印-模型】对话框中单击【预览】按钮，进行预览，如图 10-48 所示。

（8）如对预览结果满意，就可以单击预览状态下工具栏中的打印按钮 ![印], 进行打印输出。

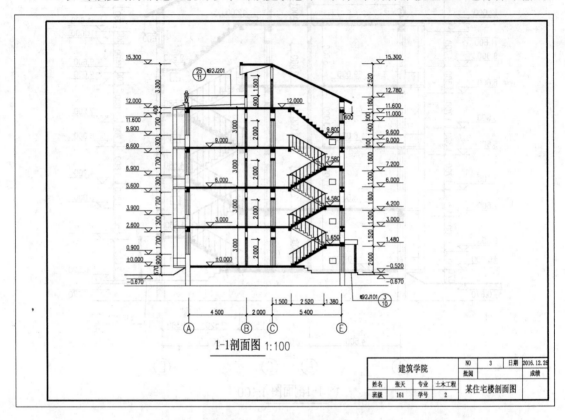

图 10-48　打印的预览效果

实例小结：本章着重介绍了建筑剖面图的基本知识和绘制方法，并利用 AutoCAD 2016 绘制了一幅完整的建筑剖面图。绘制建筑剖面图首先要设置绘图环境，再绘制出辅助线，然后分别绘制各种图形元素，一般情况下，墙线和楼板用多线命令绘制，门窗和梁综合利用块操作、复制命令和阵列命令绘制，绘制楼梯时用阵列命令能大大加快绘图效率。剖面图的标注方法与立面图的标注方法类似。同时，必须注意建筑剖面图必须和建筑总平面图、建筑平面图、建筑立面图相互对应。

10.11　思考与练习

1．思考题

（1）利用 AutoCAD 2016 绘制建筑剖面图的基本步骤是什么？

（2）建筑剖面图中的楼梯如何绘制？

（3）绘制剖面图辅助线常用的绘图命令和编辑命令有哪些？

（4）在画剖面图时，线型为虚线和点画线的图形对象，显示为实线线型该如何解决？

（5）在绘制建筑剖面图时，块操作对加快绘图有何作用？

2．绘图题

绘制如图 10-49 所示的办公楼剖面图，并为其添加 A3 图框线和标题栏。

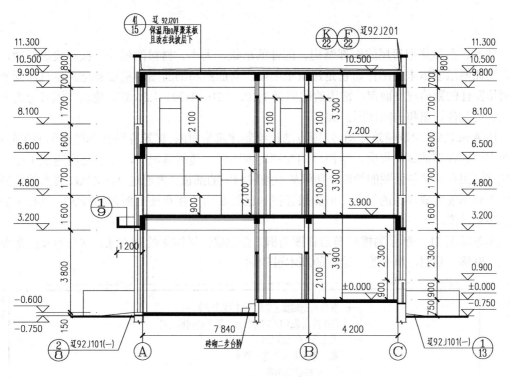

图 10-49　办公楼剖面图

第11章 建筑详图实例

　　建筑详图就是把房屋的细部结构、配件的形状、大小、材料的做法，按正投影原理，用较大的比例绘制出来的图样。它是建筑平面图、立面图和剖面图的重要补充。建筑详图所用比例依图样的繁简程度而定，常用的比例为 1:10、1:20、1:30、1:50 等。建筑详图可分为节点详图、构配件详图和房间详图三类。

　　用 AutoCAD 绘制建筑详图，绘图方法比绘制建筑平面图、建筑立面图和建筑剖面图简单，绘图方法因详图的繁简程度、绘图员的绘图习惯而异。通常情况下，如已完成建筑平面图、建筑立面图和建筑剖面图的绘制，则可从中抽取相应的部位，再通过 AutoCAD 强大的绘图功能和编辑功能完成详图的绘制。但如果详图和已绘制出的建筑施工图差别较大，就必须独立绘制建筑详图。

　　本章以图 11-1 所示的檐口节点详图为例，介绍建筑详图的绘制方法。本章涉及的命令主要有：偏移、复制、填充等。绘制的基本过程如下：

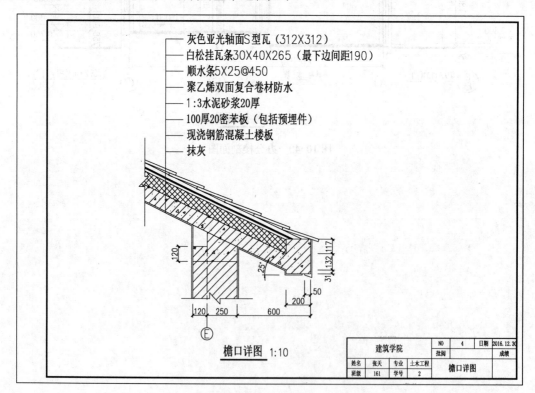

图 11-1　檐口详图

● 设置绘图环境；

- 绘制屋面、檐口和墙体的结构层次；
- 绘制屋面瓦；
- 填充剖切图案；
- 节点详图标注；
- 打印输出。

11.1　设置绘图环境

1．使用样板创建新图形文件

单击快速访问工具栏中的新建命令按钮 □，弹出【选择样板】对话框。从【查找范围】下拉列表框和【名称】列表框选择第 7 章建立的样板文件"建筑图模板.dwt"所在的路径并选中该文件，单击【打开】按钮，进入 AutoCAD 2016 绘图界面。

2．设置绘图区域

单击下拉菜单栏中的【格式】|【图形界限】命令，命令行提示如下：

> 命令: '_limits
> 重新设置模型空间界限：
> 指定左下角点或 [开(ON)/关(OFF)] <0.0000,0.0000>:　　　//回车默认左下角坐标为"0,0"
> 指定右上角点 <420.0000,297.0000>: 4200,2970　　　//指定右上角坐标为"4200,2970"

3．显示全部作图区域

单击【视图】选项卡【导航】面板上的范围缩放命令按钮 🔍范围·右侧的下三角号，选择全部缩放命令按钮 🔍全部，显示全部作图区域。

4．绘制图框和标题栏

（1）将"标题栏"层设置为当前层。

（2）绘制图幅线。单击【绘图】面板中的矩形命令按钮 □，命令行提示：

> 命令: _rectang
> 指定第一个角点或 [倒角(C)/标高(E)/圆角(F)/厚度(T)/宽度(W)]: 0,0
> 　　　　　　　　　　　//输入"0，0"并回车，确定矩形第一个角点
> 指定另一个角点或 [尺寸(D)]: 4200,2970
> 　　　　　　　　　　　//输入"4200，2970"并回车，确定矩形另一个角点

（3）绘制图框线。

> 命令: RECTANG　　　　　　　　　//回车，输入上一次的矩形命令
> 指定第一个角点或 [倒角(C)/标高(E)/圆角(F)/厚度(T)/宽度(W)]: 250,50
> 　　　　　　　　　　　//输入"250，50"并回车
> 指定另一个角点或 [面积(A)/尺寸(D)/旋转(R)]: 4150,2920
> 　　　　　　　　　　　//输入"4150，2920"并回车

（4）修改图框线的线宽为 1.0。

（5）插入标题栏。单击【块】面板中的插入块命令按钮 🗗，选择【更多选项】，弹出【插入】对话框，如图 8-3 所示。从名称下拉列表框中选择"标题栏"；比例选项区域选中"统一

比例"复选框，并设置为"10"；"插入点"选项区域选中"在屏幕上指定"复选框，单击【确定】按钮，选择图框线的右下角为插入基点单击鼠标左键，弹出【编辑属性】对话框，如图 11-2 所示，依次输入属性值，单击【确定】按钮。块插入结果如图 11-3 所示。

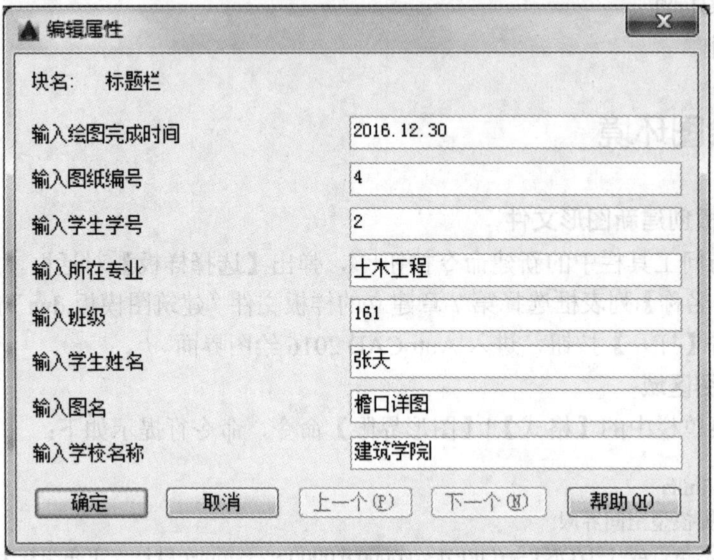

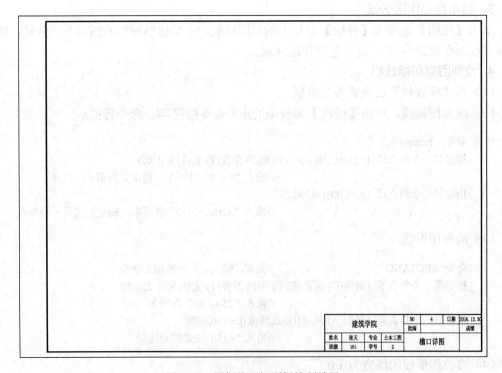

图 11-2 【编辑属性】对话框

图 11-3 图框线及标题栏绘制结果

注意： 在实际绘图时，块的属性值中的各项参数应根据实际情况设置或修改。

5．修改图层

（1）单击【图层】面板中的图层特性按钮，弹出【图层特性管理器】对话框。

（2）将"轴线"层删除；将"墙体"层重命名为"结构层次"，并将其线宽改为默认线宽；将"尺寸标注"层颜色改为蓝色；将"门窗"层重命名为"屋面瓦"，并将颜色改为红色；将"其他"层重命名为"填充"。

（3）单击【确定】按钮，返回到 AutoCAD 作图界面。

注意：本例在第 7 章所创建的样板"建筑图模板.dwt"的基础上对原图层进行修改，以满足详图绘图需要。

6．设置线型比例

在命令行输入线型比例命令 LTS 并回车，将全局比例因子设置为 10。

注意：在扩大了图形界限的情况下，为使点画线能正常显示，须将全局比例因子按比例放大。

7．设置文字样式和标注样式

（1）本例使用"建筑图模板.dwt"中的文字样式，"汉字"样式采用"仿宋"字体，宽度比例设为 0.8，"数字"样式采用"Simplex.shx"字体，宽度比例设为 0.8，用于书写数字及特殊字符。

（2）单击【默认】选项卡【注释】面板中的【标注样式】命令按钮，弹出【标注样式管理器】对话框，选择"建筑"标注样式，然后单击【修改】按钮，弹出【修改标注样式：建筑】对话框。将【线】选项卡【尺寸界线】选项区域中的"固定长度的尺寸界线"复选框选中，设长度为 8；将【调整】选项卡中【标注特征比例】中的"使用全局比例"修改为 10。然后单击【确定】按钮，退出【修改标注样式：建筑】对话框，再单击【标注样式管理器】对话框中的【关闭】按钮，完成标注样式的设置。

8．完成设置并保存文件

利用【图层】面板中的图层列表框，如图 8-6 所示，关闭"标题栏"层，然后单击快速访问工具栏中的保存命令按钮，打开【图形另存为】对话框。输入文件名称"檐口详图"，单击【图形另存为】对话框中的【保存】命令按钮保存文件。

至此，绘图环境的设置基本完成。

11.2　绘制屋面、檐口和墙体的结构层次

在前几章中，墙体基本上是利用多线命令绘制的，为了方便修改，本小节中用直线命令、偏移命令、矩形命令等绘制屋面和墙体的结构层次。

11.2.1　绘制屋面的结构层次

绘制屋面的结构层次步骤如下。

（1）打开 11.1 节中保存的文件"檐口详图.dwg"，将"结构层次"层设置为当前层，关闭对象捕捉方式。

（2）单击【绘图】面板中的直线命令按钮，画出如图 11-4 所示的直线 AB。命令行提示如下：

命令: _line 指定第一点:　　　　　　　　　//在绘图区的适当位置单击
指定下一点或 [放弃(U)]: @1500<335　　　//以相对坐标@1500<335 确定直线的终点
指定下一点或 [放弃(U)]:　　　　　　　　//回车结束直线命令

（3）单击【修改】面板中的偏移命令按钮，设置偏移距离为 10，将第（2）步所画的直线 AB 向上偏移 10（注意用鼠标滚轮缩放视图配合绘图，以下同）。命令行提示如下：

命令: _offset
当前设置: 删除源=否　图层=源　OFFSETGAPTYPE=0
指定偏移距离或 [通过(T)/删除(E)/图层(L)] <通过>:　10
选择要偏移的对象，或 [退出(E)/放弃(U)] <退出>:　　　　　//选择直线 AB（图 11-4）
指定要偏移的那一侧上的点，或 [退出(E)/多个(M)/放弃(U)] <退出>:　//在 AB 上侧单击
选择要偏移的对象，或 [退出(E)/放弃(U)] <退出>:　　　　　//回车键结束命令

（4）空格键重复偏移命令，设置偏移距离为 120，将（3）步中偏移出的直线向上偏移。

（5）重复执行（3）步，分别设置偏移距离为 100、20、5、5、30，依次将上一步中偏移出的直线向上偏移。得到如图 11-5 所示的屋面结构层次。

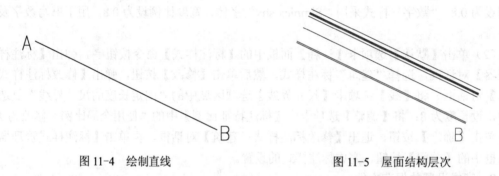

图 11-4　绘制直线　　　　　　　　　　图 11-5　屋面结构层次

11.2.2　绘制檐口结构层

绘制檐口结构层步骤如下。

（1）设置对象捕捉方式为"端点"捕捉方式，单击【绘图】面板中的矩形命令按钮，绘制一个矩形。命令行提示如下：

命令:　<对象捕捉 开>
命令: _rectang
指定第一个角点或 [倒角(C)/标高(E)/圆角(F)/厚度(T)/宽度(W)]:
　　　　　　　　　　　//捕捉屋面结构层次最下方直线的右端点 B（图 11-4）
指定另一个角点或 [面积(A)/尺寸(D)/旋转(R)]: @200,280
　　　　　　　　　　　//以相对坐标@200,280 确定矩形的另一个角点

绘制完成的矩形 CDEF 如图 11-6 所示。

（2）关闭对象捕捉方式，打开正交方式，单击【修改】面板中的移动命令按钮，将上一步所画的矩形 CDEF（图 11-6）向下移动 20。命令行提示如下：

命令:　<对象捕捉 关>　//关闭对象捕捉方式

命令: <正交 开>　　　　　　　//打开正交方式

命令: _move

选择对象: 找到 1 个　　　　　//选择矩形 CDEF（图 11-6）

选择对象:　　　　　　　　　//单击鼠标右键结束选择

指定基点或 [位移(D)] <位移>: 指定第二个点或 <使用第一个点作为位移>: 20　　//单击任意位置作为基点，向下移动 20

矩形移动后如图 11-7 所示。

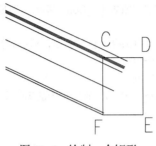

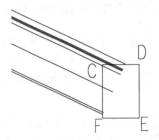

图 11-6　绘制一个矩形　　　　　　　　图 11-7　将矩形向下移动 20

（3）单击【修改】面板中的偏移命令按钮，将矩形 CDEF（图 11-7）向外侧偏移 10。命令行提示如下：

命令: _offset

当前设置: 删除源=否　图层=源　OFFSETGAPTYPE=0

指定偏移距离或 [通过(T)/删除(E)/图层(L)] <30>:　10　　　//设置偏移距离为 10

选择要偏移的对象，或 [退出(E)/放弃(U)] <退出>:　　//选择矩形 CDEF（图 11-7）

指定要偏移的那一侧上的点，或 [退出(E)/多个(M)/放弃(U)] <退出>: //在矩形外单击

选择要偏移的对象，或 [退出(E)/放弃(U)] <退出>:　　//回车结束命令

（4）单击【修改】面板中的分解命令按钮，将两个矩形分解。命令行提示如下：

命令: _explode

选择对象: 指定对角点: 找到 2 个　　　　　　　　　　//选择图 11-8 所示的两个矩形

选择对象:　　　　　　　　　　　　　　　　　//回车结束命令

完成后如图 11-8 所示。

（5）利用延伸、修剪和删除等命令对檐口部位进行修改，修改后如图 11-9 所示。命令行提示略。

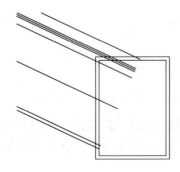

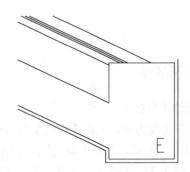

图 11-8　将矩形偏移后进行分解　　　　　图 11-9　用延伸和修剪命令修改檐口

11.2.3 绘制滴水

绘制滴水步骤如下。

（1）将正交方式和对象捕捉方式打开，设置对象捕捉方式为"端点"和"交点"捕捉方式。单击【绘图】面板中的矩形命令按钮 ⬚，绘制一个 20×40 的小矩形，命令行提示如下：

> 命令: _rectang
> 指定第一个角点或 [倒角(C)/标高(E)/圆角(F)/厚度(T)/宽度(W)]: _from 基点: <对象捕捉 开> <偏移>: @-50,0
> //按住键盘上的 Shift 键，单击鼠标右键，在快捷菜单中选择"自"命令，捕捉到檐口内矩形的右下角 E（图 11-9），输入相对坐标@-50,0，确定矩形的一个角点
> 指定另一个角点或 [面积(A)/尺寸(D)/旋转(R)]: @-20,-40
> //以相对坐标@-20,-40，确定矩形的第二个角点

绘制的小矩形如图 11-10（a）所示。

（2）将小矩形修剪至图 11-10（b）所示的形状。

（3）用夹点操作将 GH 和 HI 两线段的交点 H（图 11-10（b））向正下方移动 20，完成后如图 11-10（c）所示。命令行提示如下：

> 命令: 指定对角点: //用交叉窗口选中右下角表示抹灰层的两段线段 GH 和 HI（图 11-10（b））
> 命令:
> ** 拉伸 ** //在 H 点（图 11-10（b））上单击，将夹点 H 变为热点
> 指定拉伸点或 [基点(B)/复制(C)/放弃(U)/退出(X)]: <正交 开> //打开正交方式
> 指定拉伸点或 [基点(B)/复制(C)/放弃(U)/退出(X)]: 20 //向下拉伸 20

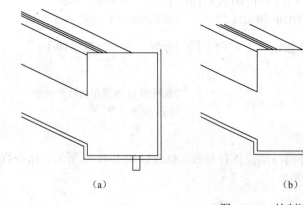
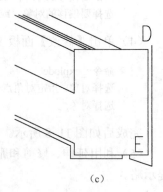

图 11-10　绘制滴水

11.2.4 绘制墙体

绘制墙体步骤如下。

（1）打开正交方式，单击【修改】面板中的复制命令按钮 ℃，选择檐口内矩形的右边 DE（图 11-10（c））后单击鼠标右键，向左侧拉出橡皮线，用复制命令依次复制出表示墙体结构层的直线。如图 11-11 所示。命令行提示如下：

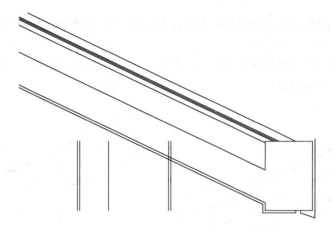

图 11-11　复制出表示墙体结构层的直线

命令: _copy 找到 1 个　　　　　　　　　//选择檐口内矩形的右边 DE（图 11-10（c））
当前设置:　复制模式 = 多个
指定基点或 [位移(D) /模式(O)] <位移>:　　//在绘图区任意位置单击作为基点
指定第二个点或[阵列(A)] <使用第一个点作为位移>: 590
　　　　　　　　　　　　　　　　　　　　//在左侧 590 处复制一条直线
指定第二个点或 [阵列(A)/退出(E)/放弃(U)] <退出>:　600　　//在左侧 600 处复制一条直线
指定第二个点或 [阵列(A)/退出(E)/放弃(U)] <退出>:　850　　//在左侧 850 处复制一条直线
指定第二个点或 [阵列(A)/退出(E)/放弃(U)] <退出>:　970　　//在左侧 970 处复制一条直线
指定第二个点或 [阵列(A)/退出(E)/放弃(U)] <退出>:　980　　//在左侧 980 处复制一条直线
指定第二个点或 [阵列(A)/退出(E)/放弃(U)] <退出>:　　　　//回车结束命令

（2）单击【绘图】面板中的直线命令按钮，在墙体下适当位置画一直线。如图 11-12（a）所示。

（3）综合利用延伸、修剪命令，对墙体部位进行修改，完成后如图 11-12（b）所示。

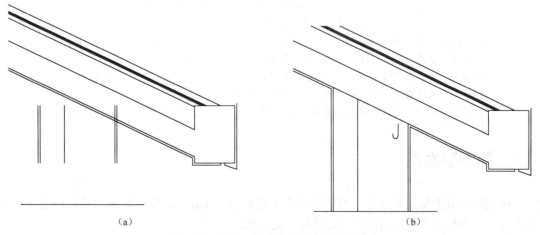

（a）　　　　　　　　　　　　　　　　　　　　　（b）

图 11-12　绘制一条直线并对墙体进行修改

（4）单击【绘图】面板中的直线命令按钮，捕捉到墙体与屋面结构层的右侧交点 J（图 11-12（b）），向左侧画一水平线 JK，如图 11-13（a）所示。

（5）单击【修改】面板中的复制命令按钮 ，将（4）步所画直线垂直向下复制一条，距离为 120，如图 11-13（a）所示。

（6）单击【修改】面板中的修剪命令按钮 ，对墙体部位进行修剪，完成后如图 11-13（b）所示。命令行提示如下：

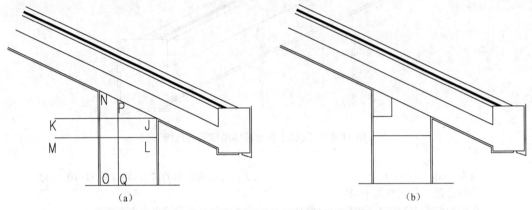

图 11-13　对墙体的结构层次做进一步修改

命令: _trim
当前设置:投影=UCS，边=无
选择剪切边...
选择对象或 <全部选择>:　找到 1 个　　　　//选择线段 JK（图 11-13（a））作为边界
选择对象: 找到 1 个，总计 2 个　　　　//选择线段 PQ（图 11-13（a））作为边界
选择对象: 找到 1 个，总计 3 个　　　　//选择线段 NO（图 11-13（a））作为边界
选择对象:　　　　　　　　　　　　//回车结束选择
选择要修剪的对象，或按住 Shift 键选择要延伸的对象，或
[栏选(F)/窗交(C)/投影(P)/边(E)/删除(R)/放弃(U)]:　　　//在靠近 K 点处单击线段 JK
选择要修剪的对象，或按住 Shift 键选择要延伸的对象，或
[栏选(F)/窗交(C)/投影(P)/边(E)/删除(R)/放弃(U)]:　　　//在靠近 M 点处单击线段 LM
选择要修剪的对象，或按住 Shift 键选择要延伸的对象，或
[栏选(F)/窗交(C)/投影(P)/边(E)/删除(R)/放弃(U)]:　　　//在靠近 Q 点处单击线段 PQ
选择要修剪的对象，或按住 Shift 键选择要延伸的对象，或
[栏选(F)/窗交(C)/投影(P)/边(E)/删除(R)/放弃(U)]:　　　//在靠近 J 点处单击线段 JK
选择要修剪的对象，或按住 Shift 键选择要延伸的对象，或
[栏选(F)/窗交(C)/投影(P)/边(E)/删除(R)/放弃(U)]:　　　//回车结束命令

11.3　绘制屋面瓦

绘制屋面瓦的基本方法为：利用矩形命令绘制出一个瓦片，旋转后移动到檐口位置，再利用阵列命令绘制出其他的瓦片，完成屋面瓦的绘制。

11.3.1　绘制单个瓦片

绘制单个瓦片步骤如下。

（1）将"屋面瓦"层设置为当前层。

（2）单击【绘图】面板中的矩形命令按钮 □，在绘图区任意位置画一个 312×30 的矩形，命令行提示如下：

> 命令：_rectang
> 指定第一个角点或 [倒角(C)/标高(E)/圆角(F)/厚度(T)/宽度(W)]:
> 指定另一个角点或 [面积(A)/尺寸(D)/旋转(R)]: @312,30

如图 11-14（a）所示。

（3）单击【修改】面板中旋转命令按钮 ↻，以瓦片的左下角 R（图 11-14（a））为基点，将其旋转-18°。命令行提示如下：

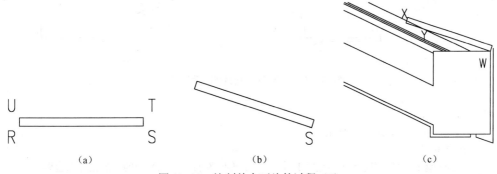

| (a) | (b) | (c) |

图 11-14　绘制单个瓦片的过程（1）

> 命令：_rotate
> UCS 当前的正角方向：　ANGDIR=逆时针　ANGBASE=0
> 选择对象：找到 1 个　　　　　　　　　　　//选择矩形 RSTU（图 11-14（a））
> 选择对象：　　　　　　　　　　　　　　　//回车结束选择
> 指定基点：　　　　　　　　　　　　　　　//捕捉矩形右下角 S（图 11-14（a））
> 指定旋转角度，或 [复制(C)/参照(R)] <0>:　-18　//指定旋转角度为-18°

（4）单击【修改】面板中的移动命令按钮 ✛，选择旋转后矩形的右下角 S（图 11-14（b））为基点，移动到檐口矩形的右上角点 W，如图 11-14（c）所示。命令行提示如下：

> 命令：_move
> 选择对象：指定对角点：找到 1 个
> 选择对象：　　　　　　　　　　　　　　　//选择旋转后矩形（图 11-14（b））
> 指定基点或 [位移(D)] <位移>：　指定第二个点或 <使用第一个点作为位移>:
> //捕捉图 11-14（b）中的 S 点作为基点，捕捉 W（图 11-14（c））为第二点

（5）空格键重复移动命令，选择矩形的左下角 X（图 11-14（c））为基点，移动到该矩形与挂瓦条的交点 Y（图 11-14（c））上。命令行提示如下：

> 命令：MOVE
> 选择对象：找到 1 个　　　　　　　　　　//选择通过 XY（图 11-14（c））点的矩形
> 选择对象：　　　　　　　　　　　　　　　//回车结束选择
> 指定基点或 [位移(D)] <位移>：　指定第二个点或 <使用第一个点作为位移>:
> //捕捉图 11-14（c）中 X 点作为基点，捕捉交点 Y（图 11-14（c））为第二点

完成后如图 11-15（a）所示。

（6）单击【修改】面板中的修剪命令按钮 ⊸，选择矩形瓦片为边界，将抹灰与瓦片相交处的多余部分修剪掉，完成后如图 11-15（b）所示。命令行提示如下：

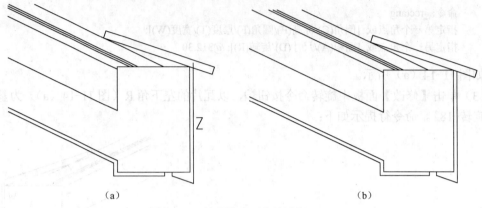

　　　　（a）　　　　　　　　　　　　　　　（b）

图 11-15　绘制单个瓦片的过程（2）

```
命令: _trim
当前设置:投影=UCS，边=无
选择剪切边...
选择对象或 <全部选择>:  找到 1 个        //选择图 11-15（a）中的矩形瓦片为边界
选择对象:                              //回车结束选择
选择要修剪的对象，或按住 Shift 键选择要延伸的对象，或
[栏选(F)/窗交(C)/投影(P)/边(E)/删除(R)/放弃(U)]:         //将抹灰线 Z 的多余段修剪掉
选择要修剪的对象，或按住 Shift 键选择要延伸的对象，或
[栏选(F)/窗交(C)/投影(P)/边(E)/删除(R)/放弃(U)]:         //回车结束命令
```

11.3.2　绘制其他瓦片

选择图 11-15（b）中的矩形瓦片，综合运用复制、移动、旋转命令绘制其他瓦片，画完屋面瓦后的檐口节点详图如图 11-16 所示。

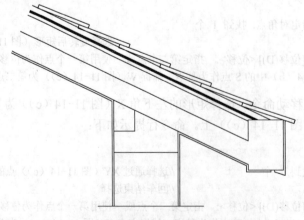

图 11-16　画完屋面瓦后的檐口节点详图

11.3.3　对图形作进一步修改

步骤如下。

（1）将"结构层次"层设置为当前层。

（2）单击【绘图】面板中的直线命令按钮✐，在左侧画一条竖直的直线 AB，直线 AB 的位置如图 11-17（a）所示。命令行提示如下：

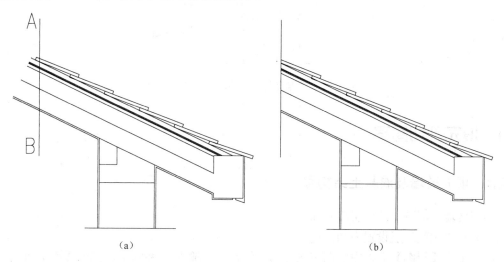

（a）　　　　　　　　　　　　　　　　　　（b）

图 11-17　直线的位置及修剪后的结果

```
命令: _line 指定第一点:                    //指定 A 点
指定下一点或 [放弃(U)]: <正交 开>          //打开正交方式，指定 B 点
指定下一点或 [放弃(U)]:                    //回车结束命令
```

（3）单击【修改】面板中的修剪命令按钮 ✂，对图形做进一步修改，将图形中的多余部分修剪掉。如图 11-17（b）所示。

```
命令: _trim
当前设置:投影=UCS，边=无
选择剪切边...
选择对象或 <全部选择>: 找到 1 个                    //选择直线 AB（图 11-17（a））
选择对象:                                           //回车结束选择
选择要修剪的对象，或按住 Shift 键选择要延伸的对象，或
[栏选(F)/窗交(C)/投影(P)/边(E)/删除(R)/放弃(U)]: f    //栏选
指定第一个栏选点:                                    //在 AB 线的左侧画一栏选线
指定下一个栏选点或 [放弃(U)]:
指定下一个栏选点或 [放弃(U)]:                        //结束栏选
选择要修剪的对象，或按住 Shift 键选择要延伸的对象，或
[栏选(F)/窗交(C)/投影(P)/边(E)/删除(R)/放弃(U)]:      //回车结束修剪命令
```

（4）综合利用直线命令和修剪命令绘制出屋面左侧和墙体下侧的折断线。完成后如图 11-18 所示。

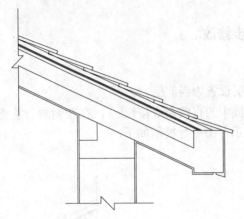

图 11-18　绘制完折断线后的檐口节点详图

11.4　填充剖切图案

11.4.1　填充砖墙及混凝土结构层

填充砖墙及混凝土结构层步骤如下。

（1）将"填充"层设置为当前层。

（2）单击【绘图】面板中的图案填充命令按钮 ⛋，输入 T 并回车，弹出【图案填充和渐变色】对话框。

（3）选择图案名为"LINE"，设置角度为 45°，比例为 15。如图 11-19 所示。

图 11-19　设置好的【图案填充和渐变色】对话框

（4）单击"添加:拾取点"按钮 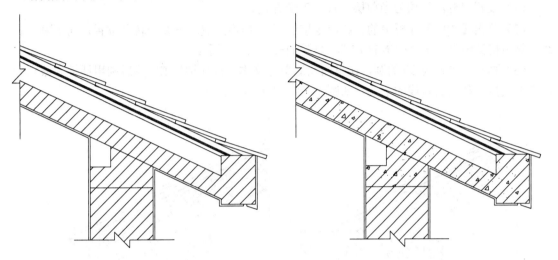，退出【图案填充和渐变色】对话框，返回到绘图界面，通过在填充边界的内部单击，选中所有需填充斜线的区域，空格键确认，完成斜线的填充，如图 11-20 所示。

（5）空格键重复图案填充命令，重复第（3）、（4）步，选择需填充砂和石子图案的部分，选择图案为"AR-CONC"，设置角度为 0°，比例为 1，再重复第（4）步，完成砖墙和混凝土结构层的填充。如图 11-21 所示。

图 11-20　填充完斜线后的檐口节点详图　　　　图 11-21　填充完砖墙及混凝土结构层后的檐口节点详图

11.4.2　填充保温层

保温层的填充方法与填充砖墙及混凝土结构层的方法相同，只不过填充图案为"NET"，角度为 45°，比例为 10，完成后的檐口节点详图如图 11-22 所示。

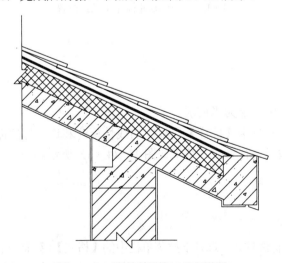

图 11-22　填充完的檐口节点详图

11.5　节点详图标注

11.5.1　绘制并标注出轴线位置

绘制并标注出轴线位置步骤如下。

（1）设置"标注"层为当前层，打开正交方式。

（2）单击【绘图】面板中的直线命令按钮✐，捕捉到屋面下梁的转角位置，向下画一直线，然后将其线型改为"CENTER2"，如图 11-23（a）所示。

（3）画一个半径为 50 的圆，在里面绘制单行文本，标注轴号 E，然后利用捕捉象限点和端点方式将其移动到直线的下端。如图 11-23（b）所示。

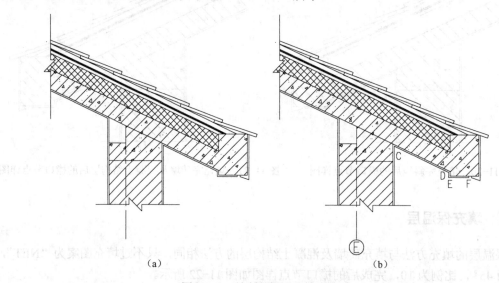

图 11-23　绘制并标注出轴线位置

11.5.2　尺寸标注

尺寸标注步骤如下。

（1）设置"尺寸标注"层为当前层。

（2）利用【注释】选项卡【标注】面板中的线性标注和连续标注命令按钮⊢⊣和⊦⊦⊦，为图形进行尺寸标注，并适当进行修改，结果如图 11-24（a）所示。

11.5.3　角度标注

角度标注步骤如下。

（1）设置"角度"标注样式。选择下拉菜单栏中的【格式】|【标注样式】命令，新建一个标注样式，基于"建筑"，名称为"角度"，将尺寸线的箭头改为"实心闭合"箭头，选择【调整】选项卡【文字位置】选项区域中的【尺寸线旁边】单选按钮，将该样式设置为当前样式。

（2）单击【标注】面板中线性命令按钮 线性 右侧的下三角号，选择角度标注命令按钮 △，选择檐口处屋面下内侧斜线 CD（图 11-23（b）），再选择檐口矩形的下边线 EF（图 11-23（b）），在适当位置单击。完成角度标注后的详图如图 11-24（b）所示。

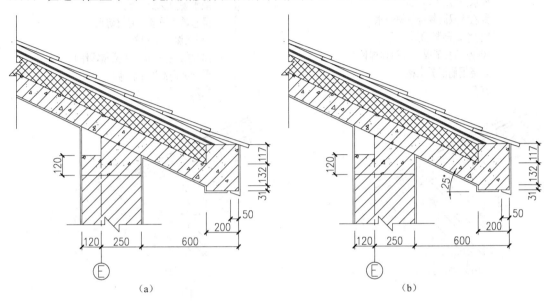

图 11-24　尺寸标注和角度标注

11.5.4　标注文字

标注文字步骤如下。

（1）设置"文字"层为当前层。

（2）单击【注释】面板中的多行文字命令按钮 A，设置多行文字区域后，设置文字样式为"汉字"，大小为 50，输入表示屋面材料层次的文字。

（3）单击【修改】面板中的移动命令按钮 ✥，将多行文本移动到如图 11-25 所示的位置。

（4）打开正交功能，单击【绘图】面板中的直线命令按钮 ✎，在如图 11-26 所示的位置绘制引出线。

（5）单击【修改】面板中的阵列命令按钮 ▦，选择水平线段 GH（图 11-26），设置行为 8，行偏移-130，列为 1，列偏移 0，阵列结果如图 11-27 所示。

灰色亚光轴面S型瓦（312X312）
白松挂瓦条30X40X265（最下边间距190）
顺水条5X25@450
聚乙烯双面复合卷材防水
1：3水泥砂浆20厚
100厚20密苯板（包括预埋件）
现浇钢筋混凝土楼板
抹灰

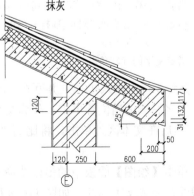

图 11-25　输入说明文本

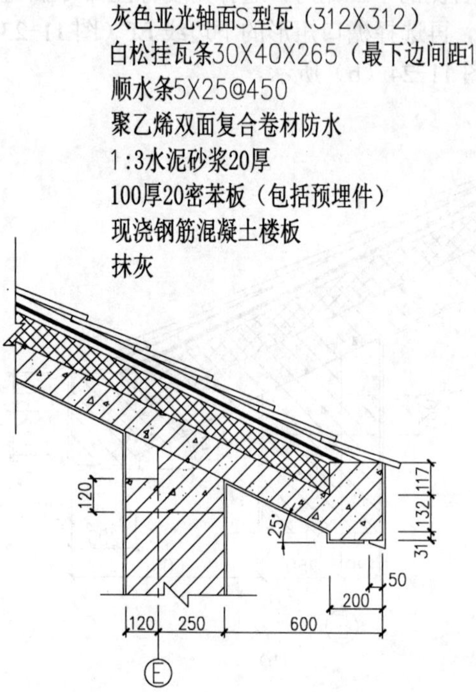
灰色亚光轴面S型瓦（312X312）
白松挂瓦条30X40X265（最下边间距190）
顺水条5X25@450
聚乙烯双面复合卷材防水
1:3水泥砂浆20厚
100厚20密苯板（包括预埋件）
现浇钢筋混凝土楼板
抹灰
120
25°
117
132
31
50
200
120
250
600
E

图 11-26 绘制引出线

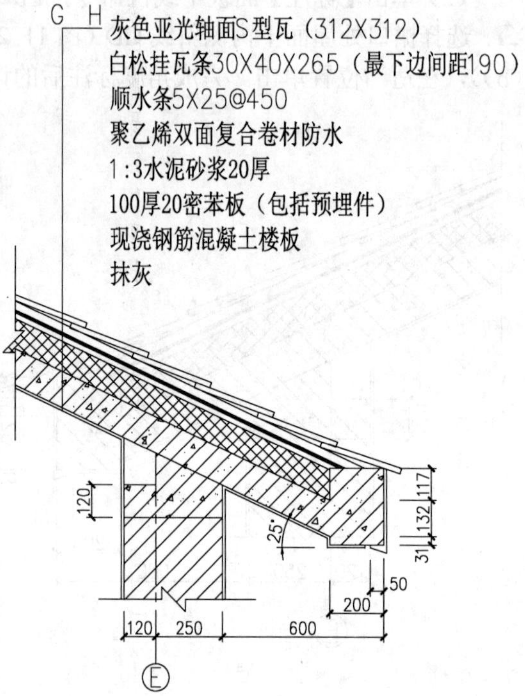
G
H
灰色亚光轴面S型瓦（312X312）
白松挂瓦条30X40X265（最下边间距190）
顺水条5X25@450
聚乙烯双面复合卷材防水
1:3水泥砂浆20厚
100厚20密苯板（包括预埋件）
现浇钢筋混凝土楼板
抹灰
120
25°
117
132
31
50
200
120
250
600
E

图 11-27 水平线段阵列后的结果

（6）在命令行中输入 TEXT 并回车，执行单行文字命令，设置文字样式为“汉字”，在详图下适当位置单击，作为文字的起点，设置高度 70，旋转角度为 0，输入图名“檐口详图”，然后在文本区外单击。

命令: TEXT
当前文字样式: “数字” 当前文字高度: 3 注释性: 否 对正: 左
指定文字的起点或 [对正(J)/样式(S)]: s //修改文字样式为“汉字”
输入样式名或 [?] <尺寸数字>: 汉字
当前文字样式: “汉字” 当前文字高度: 3 注释性: 否 对正: 左
指定文字的起点或 [对正(J)/样式(S)]: //在图下方适当位置指定文字的起点
指定高度 <3>: 70 //指定文字高度 70
指定文字的旋转角度 <0>: //回车后输入图名“檐口详图”

（7）在命令行中输入 TEXT 并回车，执行单行文字命令，设置文字样式为“数字”，在“檐口详图”文字右侧适当位置单击，作为文字的起点，设置高度 60，旋转角度为 0，输入比例“1:100”，然后在文本区外单击。将比例“1:10”移动到图名“檐口详图”的右侧，文字下方对齐。

（8）单击【绘图】面板中的多段线命令按钮，设置多段线的宽度为 10，在图名的下面画一条多段线，完成文本标注。如图 11-28 所示。

至此，檐口详图已绘制完成，打开【标题栏】层后的立面图，如图 11-1 所示。

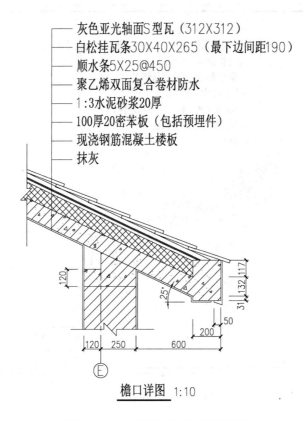

灰色亚光轴面S型瓦（312X312）
白松挂瓦条30X40X265（最下边间距190）
顺水条5X25@450
聚乙烯双面复合卷材防水
1:3水泥砂浆20厚
100厚20密苯板（包括预埋件）
现浇钢筋混凝土楼板
抹灰

檐口详图 1:10

图 11-28　完成标注的檐口节点详图

11.6　打印输出

打印输出步骤如下。

（1）打开前面几节绘制完成的"檐口详图.dwg"文件为当前图形文件。

（2）单击快速访问工具栏中的打印命令按钮，弹出【打印-模型】对话框。

（3）在【打印-模型】对话框中的【打印机/绘图仪】选项区域中的【名称】下拉列表框中选择系统所使用的绘图仪类型，本例中选择8.8节中存盘的"DWF6 ePlot-（A3-H）.pc3"型号的绘图仪作为当前绘图仪。

（4）在【图纸尺寸】选项区域中的【图纸尺寸】下拉列表框内选择"ISO A3（420.00x297.00毫米）"图纸尺寸。

（5）在【打印比例】选项区域内勾选【布满图纸】单选按钮。

（6）在【打印区域】选项区域的【打印范围】下拉列表框中选择"图形界限"。

（7）在设置完的【打印-模型】对话框中单击【预览】按钮，进行预览，如图 11-29所示。

（8）如对预览结果满意，就可以单击预览状态下工具栏中的打印图标进行打印输出。

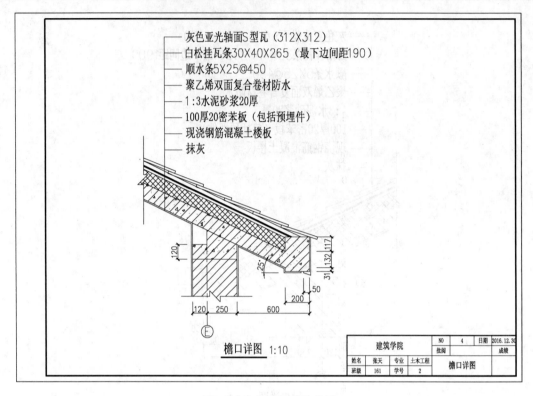

图 11-29　打印的预览效果

实例小结：本章介绍了建筑详图的基本知识，利用 AutoCAD 2016 绘制了一幅完整的檐口节点详图。建筑详图是建筑设计过程为表示建筑结构或材料层次细节的一种建筑图样，具体绘制方法因图的繁简程度而异。希望本章能起到抛砖引玉的作用。

11.7　思考与练习

1．思考题

（1）建筑详图的种类有哪些？

（2）本章绘制檐口详图的基本步骤是什么？

（3）填充命令在详图绘制中的作用是什么？

（4）坡屋面的屋面瓦如何绘制？

（5）檐口详图的标注方法是什么？

2．绘图题

绘制如图 11-30 所示的墙体节点详图，并为其添加 A3 图框线和标题栏。

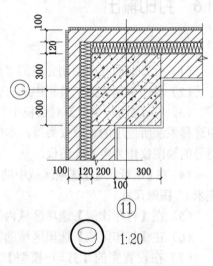

图 11-30　墙体节点详图

参 考 文 献

[1] 孙玉红. 建筑装饰制图与识图. 北京：机械工业出版社，2008.

[2] 王芳. AutoCAD 2010 室内装饰设计实例教程. 北京交通大学出版社，2010.

[3] 张宪立. AutoCAD 2012 建筑设计实例教程. 北京：人民邮电出版社，2012.

[4] 王芳，李井永. AutoCAD 2010 建筑制图实例教程. 北京交通大学出版社，2010.

[5] 高志清. AutoCAD 建筑设计上机培训. 北京：人民邮电出版社，2003.

[6] 谢世源. AutoCAD 2009 建筑设计综合应用宝典. 北京：机械工业出版社，2008.

[7] 雷军. 中文版 AutoCAD 2006 建筑图形设计. 北京：清华大学出版社，2005.

[8] 王立新. AutoCAD 2009 中文版标准教程. 北京：清华大学出版社，2008.

[9] 王静，马文娟. AutoCAD 2008 建筑装饰设计制图实例教程. 北京：中国水利水电出版社， 2008.

[10] 林彦，史向荣，李波. AutoCAD 2009 建筑与室内装饰设计实例精解. 北京：机械工业出版社，2009.

[11] 李燕. 建筑装饰制图与识图. 北京：机械工业出版社，2009.

[12] 沈百禄. 建筑装饰装修工程制图与识图. 北京：机械工业出版社，2010.

[13] 高志清. AutoCAD 建筑设计培训教程. 北京：中国水利水电出版社，2004.

[14] 胡仁喜. AutoCAD 2006 中文版室内装潢设计. 中国建筑工业出版社，2005.

[15] 阵志民. AutoCAD 2006 室内装潢设计实例教程. 机械工业出版社，2006.